基于 Visual Basic 的多连杆机构分析与仿真

王晓丽 周天源 著

·北京·

内容提要

本书共11章，主要内容包括：Visual Basic 编程基础、Visual Basic 程序设计基础、Visual Basic 语言基础、Visual Basic 文档管理、Visual Basic 图形操作、Visual Basic 与 Excel 数据库、压力机发展概述、曲柄滑块机构运动分析实例、压力机多连杆机构分析与仿真、压力机八杆外滑块机构分析与仿真、压力机八杆内滑块机构分析与仿真。

本书可供计算机技术、机械设计等相关专业技术人员和研究人员参考使用。

图书在版编目（CIP）数据

基于Visual Basic的多连杆机构分析与仿真 / 王晓丽，周天源著. -- 北京：中国水利水电出版社，2018.5（2022.9重印）
ISBN 978-7-5170-6409-1

Ⅰ．①基… Ⅱ．①王… ②周… Ⅲ．①BASIC语言－程序设计－应用－连杆机构－动态仿真 Ⅳ．①TH112.1-39

中国版本图书馆CIP数据核字(2018)第084177号

书　名	**基于 Visual Basic 的多连杆机构分析与仿真** JIYU Visual Basic DE DUOLIANGAN JIGOU FENXI YU FANGZHEN
作　者	王晓丽　周天源　著
出版发行	中国水利水电出版社 （北京市海淀区玉渊潭南路1号D座　100038） 网址：www.waterpub.com.cn E-mail: sales@waterpub.com.cn 电话：(010) 68367658（营销中心）
经　售	北京科水图书销售中心（零售） 电话：(010) 88383994、63202643、68545874 全国各地新华书店和相关出版物销售网点
排　版	北京智博尚书文化传媒有限公司
印　刷	天津光之彩印刷有限公司
规　格	170mm×240mm　16开本　12.25印张　217千字
版　次	2018年5月第1版　2022年9月第2次印刷
印　数	2001—3001 册
定　价	60.00 元

凡购买我社图书，如有缺页、倒页、脱页的，本社营销中心负责调换

版权所有·侵权必究

前　言

　　Visual Basic 是目前开发 Windows 应用程序最为迅速、简捷的程序设计语言，使用方便而又具有可视化"图形用户界面"，还可以方便地对 Word、Excel 和 AutoCAD 等常用软件进行二次开发。实际上，全世界有近千万的专业、非专业程序设计人员正在应用 Visual Basic 开发各种类型的软件。工程上常用的三维设计软件 Solidworks 就是用 Visual Basic 编写的。

　　多连杆机构是目前国内外机械压力机发展的重要方向之一。利用典型的内滑块多连杆机构，并对其进行科学的参数配置，是实现压力机拉延工艺要求的一种有效途径。本书对双动压力机的外滑块压紧机构和内滑块压延工作机构进行了分析和设计，借助 Visual Basic 开发了仿真系统，为读者提供了可视化的图形界面，便于直观地进行运动分析、受力分析和进一步的杆件优化分析。

　　本书借助 Visual Basic 可视化界面，针对双动压力机的八杆外滑块压紧机构和六杆、八杆内滑块压延工作机构，利用杆组法或解析法计算和编程，进行了运动分析、受力分析和部分优化分析，建立了滑块的位移、速度、加速度方程，并深入探讨了双动压力机多连杆机构的性能指标。

　　本书利用 Visual Basic 程序开发出具有 Windows 通用界面多连杆机构设计的应用程序仿真系统。在程序中，通过输入参数能计算出所需的多杆机构尺寸，并生成动态机构简图和运动曲线图，真实地模拟了机构实际运动状况，为读者提供了可视化的图形界面，便于直观地进行运动分析、受力分析和进一步的杆件优化分析。

　　本书共 11 章，第 1 章介绍 Visual Basic 编程基础；第 2 章介绍 Visual Basic 程序设计基础，包括常见属性、窗体、控件等；第 3 章介绍 Visual Basic 语言基础，包括 VB 语句及控制结构、数组、函数过程等；第 4 章介绍 Visual Basic 文档管理，用事件管理 Word 文档；第 5 章介绍 Visual Basic 图形操作，涉及 VB 图形控件的使用、图形的保存及调用等；第 6 章介绍 Visual Basic 与 Excel 数据库，涉及 VB 数据输出到 Excel 表格以及 VB 语句控制 Excel；第 7 章对压力机结构与发展进行了概述；第 8 章曲柄滑块机构运动分析实例介绍，针对曲柄滑块机构进行运动分析与仿真；第 9 章压力机多连杆机构分析与仿真，针对分析任务，使用杆组法对六杆机构进行运动分析；第 10 章介绍压力机八杆外滑块机构分析与仿真，分析工作过程对机构的要求，并对机构进行运动分析，进而讨论构件尺寸对性能的影响；第 11 章介绍压力机八杆内滑块机构分析与仿真，分析工作过程对机构的要求，并对机构进行运动分析和静力学分析。

本书结合作者多年的教学与科研经验，在内容的安排上考虑到知识循序渐进的同时，又利用 Visual Basic 高级实用技术，实现动画设计，以及将程序运行的中间结果或最后结果以 Word、Excel 和 TXT 文件保存等。

本书由淮海工学院王晓丽、周天源共同撰写。感谢燕山大学机电学院的张一同教授、刘雪莹学长对本书的编写做出的重大贡献，淮海工学院的陈劲松、黄大志老师给与了很大支持，在此表示谢意。同时对中国水利水电出版社的热情支持与帮助表示衷心感谢。

特别感谢江苏省先进材料功能调控技术重点实验室资助项目（JKLFCTAM1705）、淮海工学院自然科学基金（Z2017007）、国家自然科学基金（51675272）、江苏省六大人才高峰项目资助（JY032）、江苏省"333"工程科研项目资助计划对本书的资金支持。

本书所研究的内容属于计算机技术和机械设计的交叉学科，对于双动压力机多连杆机构的分析，本书针对八杆外滑块机构、六杆内滑块机构和八杆内滑块机构进行了运动分析和受力分析的研究。许多问题仍在研究与探索阶段，作者虽夙兴夜寐、尽心尽力，但水平有限，但书中难免有不足之处，敬请读者和专家批评指正。

编 者

2018 年 1 月

目 录

前言

第1章 Visual Basic 编程基础 1
1.1 Visual Basic 发展历史和可视化编程基础 1
1.1.1 Visual Basic 发展历史 1
1.1.2 可视化编程基础 1
1.2 应用小程序演示 5

第2章 Visual Basic 程序设计基础 7
2.1 基本概念 7
2.1.1 对象和类 7
2.1.2 属性 8
2.1.3 方法 8
2.1.4 事件 8
2.2 常见的基本属性 9
2.3 常见的基本方法 11
2.3.1 Move 方法 11
2.3.2 SetFocus 方法 12
2.3.3 Refresh 方法 13
2.4 窗体 13
2.4.1 窗体常用属性 13
2.4.2 窗体常用事件 14
2.4.3 窗体基本方法 15
2.5 常用控件 17
2.5.1 命令按钮 17
2.5.2 文本框 19
2.5.3 标签 22
2.5.4 框架、单选按钮和复选框 24
2.5.5 图像和图片框 25
2.5.6 列表框 27

  2.5.7 组合框 …………………………………………………………… 29
  2.5.8 水平滚动条和垂直滚动条 …………………………………… 32
  2.5.9 计时器 …………………………………………………………… 33

第3章 Visual Basic 语言基础 ………………………………………… 36
 3.1 VB 程序书写准则 ……………………………………………………… 36
  3.1.1 赋值语句 ………………………………………………………… 36
  3.1.2 程序的书写规则 ………………………………………………… 36
 3.2 VB 数据类型 …………………………………………………………… 37
  3.2.1 常用的数据类型 ………………………………………………… 37
  3.2.2 运算符与表达式 ………………………………………………… 37
  3.2.3 常用的内部函数 ………………………………………………… 38
 3.3 VB 语句及控制结构 …………………………………………………… 40
  3.3.1 顺序结构 ………………………………………………………… 41
  3.3.2 选择结构 ………………………………………………………… 43
  3.3.3 循环语句 ………………………………………………………… 45
 3.4 数组 …………………………………………………………………… 47
 3.5 过程 …………………………………………………………………… 49
  3.5.1 函数过程 ………………………………………………………… 49
  3.5.2 子过程的定义和调用 …………………………………………… 49
  3.5.3 传地址和传值 …………………………………………………… 51

第4章 Visual Basic 文档管理 …………………………………………… 53
 4.1 通用对话框 …………………………………………………………… 53
  4.1.1 "打开"对话框 ………………………………………………… 54
  4.1.2 "另存为"对话框 ……………………………………………… 55
  4.1.3 "颜色"对话框 ………………………………………………… 56
  4.1.4 "字体"对话框 ………………………………………………… 57
  4.1.5 "打印机"和"帮助"对话框 ………………………………… 58
  4.1.6 自定义对话框 …………………………………………………… 59
 4.2 文件操作控件 ………………………………………………………… 60
 4.3 文件操作 ……………………………………………………………… 61
  4.3.1 文件打开 ………………………………………………………… 61
  4.3.2 文件保存 ………………………………………………………… 62
  4.3.3 文件打印操作 …………………………………………………… 63
 4.4 数据文件处理 ………………………………………………………… 64

4.4.1 顺序文件 ……………………………………………………… 64
4.4.2 二进制文件 …………………………………………………… 66
4.4.3 随机文件 ……………………………………………………… 67

第5章 Visual Basic 图形操作 …………………………………… 68
5.1 Line 方法 ………………………………………………………… 68
5.2 Circle 方法 ……………………………………………………… 69
5.3 PSet 方法 ………………………………………………………… 70
5.4 Ponit 方法 ……………………………………………………… 71
5.5 Scale 方法 ……………………………………………………… 71

第6章 Visual Basic 与 Excel 数据库 …………………………… 73
6.1 Excel 打开与关闭 ……………………………………………… 73
　　6.1.1 VB 读写 Excel 表 …………………………………………… 73
　　6.1.2 Excel 对象声明 …………………………………………… 75
　　6.1.3 打开和关闭 Excel ………………………………………… 75
6.2 Excel 的宏功能 ………………………………………………… 76
6.3 VB 生成 Excel 报表 …………………………………………… 77
6.4 VB 操作 Excel 语句 …………………………………………… 79

第7章 压力机发展概述 …………………………………………… 83
7.1 连杆式压力机的结构和控制系统 ……………………………… 83
7.2 压力机多连杆机构的发展概况 ………………………………… 86
　　7.2.1 曲柄连杆压力机 …………………………………………… 88
　　7.2.2 多杆压力机 ………………………………………………… 89
　　7.2.3 现有机械式压力机典型输出运动特性分析 ……………… 93

第8章 曲柄滑块机构运动分析实例 ……………………………… 96
8.1 曲柄滑块压力机运动规律 ……………………………………… 96
8.2 机构运动总体设计 ……………………………………………… 97
　　8.2.1 设计思路 …………………………………………………… 97
　　8.2.2 相关控件介绍 ……………………………………………… 97
　　8.2.3 建立窗体及模块 …………………………………………… 99
8.3 机构运动详细设计 ……………………………………………… 102
　　8.3.1 窗体设计 …………………………………………………… 102
　　8.3.2 曲柄滑块机构运动分析窗体制作 ………………………… 105
　　8.3.3 参数设置窗体制作 ………………………………………… 107
　　8.3.4 数据显示窗体 ……………………………………………… 108

8.4　机构运动效果 …………………………………………………… 109
　8.5　程序打包并制作光盘 …………………………………………… 111

第9章　压力机多连杆机构分析与仿真 ………………………………… 118
　9.1　多连杆机构设计思路和流程 …………………………………… 121
　9.2　多连杆机构设计方法 …………………………………………… 122
　　9.2.1　复数向量法 ………………………………………………… 122
　　9.2.2　杆组法 ……………………………………………………… 127
　9.3　六杆机构程序设计 ……………………………………………… 131

第10章　压力机八杆外滑块机构分析与仿真 ………………………… 154
　10.1　绪论 …………………………………………………………… 154
　　10.1.1　八杆外滑块工作原理 …………………………………… 155
　　10.1.2　八杆外滑块机构性能分析 ……………………………… 156
　10.2　构件尺寸对运动特性的影响 ………………………………… 157
　10.3　小结 …………………………………………………………… 164

第11章　压力机八杆内滑块机构分析与仿真 ………………………… 165
　11.1　八杆机构的可动性条件 ……………………………………… 165
　11.2　实例与仿真 …………………………………………………… 167
　11.3　主要功能及界面 ……………………………………………… 169
　11.4　八杆内滑块机构的运动分析 ………………………………… 171
　　11.4.1　工作过程对内滑块的要求 ……………………………… 171
　　11.4.2　机构的位移、速度、加速度计算 ……………………… 171
　11.5　八杆内滑块机构的动力分析 ………………………………… 174
　　11.5.1　八杆压力机动力学分析的方法 ………………………… 174
　　11.5.2　八杆内滑块机构的受力计算 …………………………… 176
　　11.5.3　实例分析 ………………………………………………… 178
　　11.5.4　八杆内滑块机构的受力证明 …………………………… 182
　11.6　小结 …………………………………………………………… 183
　参考文献 ……………………………………………………………… 184

第1章

Visual Basic 编程基础

1.1 Visual Basic 发展历史和可视化编程基础

1.1.1 Visual Basic 发展历史

Visual Basic（简称 VB）是在 20 世纪 60 年代的 Basic 语言的基础上发展而来的，1998 年 Microsoft 公司推出 Windows 操作系统，以其为代表的图形用户界面（GUI）在微型计算机上引发了一场革命。

1991 年，Microsoft 公司推出的 Visual Basic 是以可视化工具为界面设计，以结构化 Basic 语言为基础，以事件驱动为运行机制的编程工具。VB 经历了 1.0 版本到 6.0 版本的多次升级，使其成为国内外最流行的程序设计语言之一。

2000 年，Microsoft 公司推出 VB.NET，VB.NET 成为数据库应用程序设计开发中一款非常优秀的工具。

本书主要以 Visual Basic 6.0 为编程语言开发程序进行机构运动分析及优化。

1.1.2 可视化编程基础

程序设计的方法发展经历初期程序设计、结构化程序设计和面向对象程序设计三个阶段。而 VB 就是面向对象、可视化程序设计的风格。打开 Visual Basic 6.0 后界面如图 1-1 所示。

主界面主要包括标题栏、菜单栏、工具栏和多个可视窗口。

1. 设计窗口

设计时的窗体由网格点构成，便于用户布局各种控件，网格点的间距可以通过菜单"工具→选项"进行调整。可以在窗体上建立应用程序的界面，

基于Visual Basic的多连杆机构分析与仿真

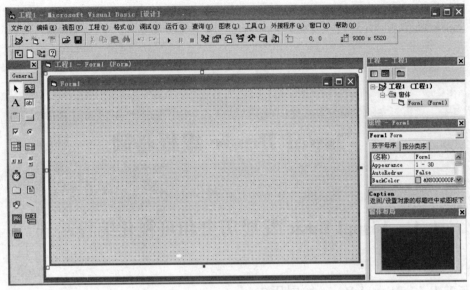

图1-1 VB主界面

运行后,窗体的网格点就消失,用户通过窗体上的控件进行相关操作。一个应用程序可包括多个窗体,如图1-2所示。

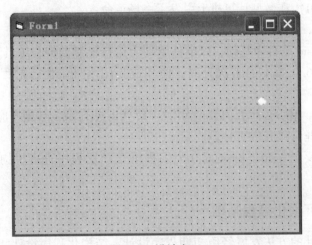

图1-2 设计窗口

2. 代码窗口

代码窗口是进行代码设计的,事件过程以及用户定义的过程等源程序的代码编写和修改都在此窗口进行。代码窗口主要由对象列表框和过程列表框组成,如图1-3所示。对象列表框显示当前设计窗口中对象的名称,过程列表框显示对象列表框中对象的事件过程名称和用户自定义过程的名称。

第 1 章　Visual Basic 编程基础

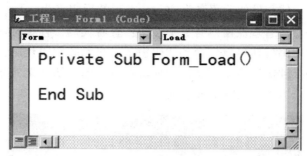

图 1-3　代码窗口

3. 属性窗口

VB 属性窗口用来显示和设置窗体和控件等对象的属性，如图 1-4 所示。

图 1-4　属性窗口

属性窗口主要有：对象列表框，用来显示窗体的对象；属性排序方式，分为"按字母序"和"按分类序"两个选项；属性列表框，显示窗体及窗体中对象的所有属性，在设计模式下，对属性值可以修改；属性含义说明，当在属性列表框选择某个属性后，就显示该属性的含义，便于用户理解和掌握属性的应用。

4. 资源管理器窗口

工程资源管理器窗口中的列表窗口主要显示的是工程、窗体和模块。当保存窗体后，窗体文件的后缀名为.frm，工程的后缀名为.vbp，模块的后缀名为.bas。在资源管理器窗口有3个按钮：查看代码、查看对象和切换文件夹。单击查看代码按钮可以切换到代码窗口，显示和编辑代码；单击查看对象按钮可以切换到窗体窗口，显示和编辑对象；单击切换文件夹按钮可以切换到文件夹显示方式，如图1-5所示。

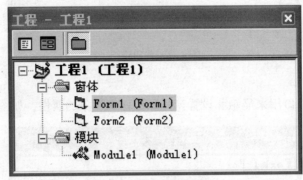

图1-5 资源管理器窗口

5. 工具箱

在设计程序时，工具箱显示各种控件的制作工具，用户可以方便地把工具箱里的控件拖进窗体中，设计完后，程序运行时工具箱自动隐藏，如图1-6所示。

图1-6 工具箱

6. 菜单栏和工具栏

VB菜单栏包括多种菜单，方便用户在程序设计时使用各种命令。工具栏以图标形式显示，用户可以快速运用相关工具，提高开发项目的效率，如图

1-7 所示。

图 1-7 菜单栏和工具栏

1.2 应用小程序演示

1）启动 VB6.0，如图 1-8 所示，选择"标准 EXE"，单击"打开"按钮后进入 VB 开发和设计环境。

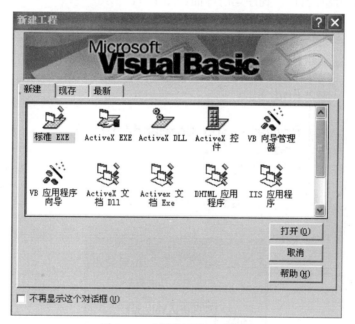

图 1-8 "新建工程"对话框

2）在工具箱中分别单击标签 Label 控件、文本框 Textbox 控件和两个命令按钮 CommandButton 控件放入窗体。在属性窗口中，将 Label1 的 Caption 属性修改为"欢迎进入 VB 世界！"，Text1 的 Text 属性 Text1 删除，Command1 的 Caption 属性改为"开始"，Command2 的 Caption 属性改为"结束"。设计后的界面如图 1-9 所示。

3）鼠标双击设计窗体的"开始"按钮，出现代码窗口，如图 1-10 所示，写入代码：Text1.Text = Label1.Caption，实现把标签的内容复制到文本

基于Visual Basic的多连杆机构分析与仿真

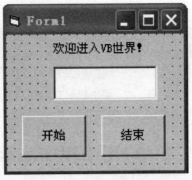

图1-9 小程序设计界面

框中显示。单击"结束"按钮,写入代码:End,实现退出运行环境,结束程序运行回到设计窗口。程序运行界面如图1-11所示。

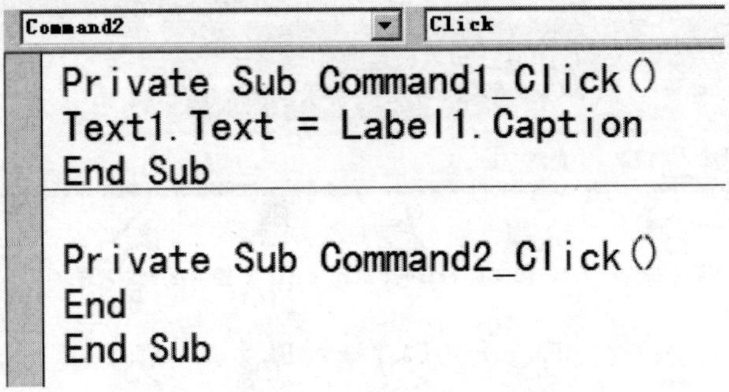

图1-10 编写代码的窗口

图1-11 小程序运行界面

4) 单击菜单"文件",选择"保存工程"命令,先保存窗体,后保存工程。

第 2 章 Visual Basic 程序设计基础

2.1 基本概念

本章主要介绍对象、类、属性、事件和方法等基本概念，为后面的设计提供基础。

2.1.1 对象和类

在编程过程中理解两个重要概念：对象和类。

对象指现实世界中的实体，如一个人、一棵树、一台打印机等。每个对象有自己的属性、方法和发生在该对象上的事件。

```
Command1.Caption = "确定"
'给对象名为 Command1 按钮的 Caption 属性赋值为字符串"确定"
Text1.SetFocus                    '给对象 Text1 控件获得焦点的方法
Private Sub Command1_Click()      '对象 Command1 的 Click 事件
    Label1.Caption = "Hello"
End Sub
```

在现实世界中，许多对象具有相似的性质，执行相同的操作，称之为同一类对象。类是对同一种对象的集合与抽象。如图 2-1 所示，CommandButton 类里有三个对象 Command1、Command2、Command3。

2.1.2 属性

VB 中的对象都有许多属性，主要用来描述对象特征的参数，如常见的 Caption、Text、Name 和 Font 等。不同对象有各自不同的属性，具有不同的用途。

在设计阶段可以利用属性窗口进行对象的属性设置，也可以在代码窗口通过复制语句实现对象的属性操作，格式为：对象.属性名=属性值，如将一个文本框的内容设置为 30，则语句如下：

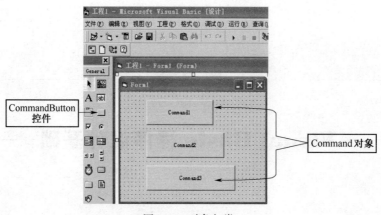

图 2-1　对象与类

Text1.Text=30　　'给文本框 Text1 赋值为 30

VB 中的属性分为以下两类：

1）可读写属性：指在设计阶段和程序运行阶段都可以设置的属性，大部分的属性属于可读写属性。

2）只读属性：只能在设计阶段通过属性窗口设置的属性，在程序运行过程只能读取设计好的属性，而不可改变，如窗体或控件的 Name 属性值等。

2.1.3　方法

对象可调用的过程，统称为方法，用户在设计时直接调用。对象方法的调用格式为：

对象.方法［参数列表］

清除 Picture1 中的图形，可用如下代码语句：

Picture1.Cls　　　　　　　　'清除对象 Picture1 中图形，是无参数无返回值的

用 Circle 方法在窗体上画一个圆，半径为 600 缇，红色，代码语句如下：

Form1.Circle(800,800),600,vbRed　　'(800,800)是圆心位置

如果要保存方法的返回值，必须把参数用圆括号括起来，代码语句如下：

Picture1.Picture=Clipboard.GetData(vbCFBitmap)　　'用 GetData 方法返回一张图片

如果没有返回值，则参数不会出现在括号中，代码语句如下：

List1.AddItem"工程"　　'利用 AddItem 方法向列表框 List1 中添加"工程"

2.1.4　事件

把发生在对象上的事情称为事件。不同的对象有不同的事件，同一对象也有不同的事件，事件不同，产生的效果也不一样，如常见的 Click、Load、KeyPress 等。

在代码窗口中，通过向对象的事件过程中写入正确的代码，使应用程序可以响应该对象的对应事件，当在运行窗口中通过鼠标或者键盘激发事件时，VB 执行对象的事件过程中的代码。

VB 事件过程的形式代码示例如下：

Private Sub Text1_KeyPress(KeyAscii As Integer)
   'Text1 对象名，KeyPress 是事件名，KeyAscii As Integer 是参数，多个参数用","隔开，
   '有的事件对象的参数可以为空
   '事件过程的代码
End Sub

具体实例运行界面如图 2-2 所示，程序代码如下：

Private Sub Text1_KeyPress(KeyAscii As Integer)
If IsNumeric(Text1.Text) Then   '判断 Text1 对象的 Text 属性是否为数字
    Print Text1.Text   '如果是数字，则显示在当前窗体上
Else
    MsgBox 提示, vbOKOnly, "不是数字"
    '如果不是，则弹出一个消息框，提示输入的不是数字
End If
End Sub

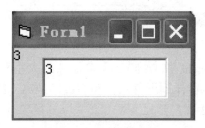

图 2-2　实例运行界面

VB 在执行应用程序时，系统首先响应 Form_Load 事件，再显示窗体，等待其他事件的响应。如一只白色的足球被踢进球门，则白色是属性，足球是对象，踢是方法，进球门是事件。

2.2　常见的基本属性

窗体和常用控件的属性，具体如下：

1) 名称（Name）：返回代码中用于标识对象的名称。VB 中所有的控件在创建时都会自动提供一个默认名称，如 Form1、Text1、Label1、Picture1 等。用户根据需要可以修改控件的名称。

基于Visual Basic的多连杆机构分析与仿真

2) Alignment：返回/设置复选框或选项按钮、或一个控件的文本的对齐。提供了三种对齐方式：0-Left Justify 是左对齐；1-Right Justify 是右对齐；2-Center 是居中对齐。

3) Caption：返回/设置对象的标题栏中或图标下面的文本。

4) Font：返回一个 Font 对象，如图 2-3 所示，用户可以对字体、字形、大小以及效果进行设置。

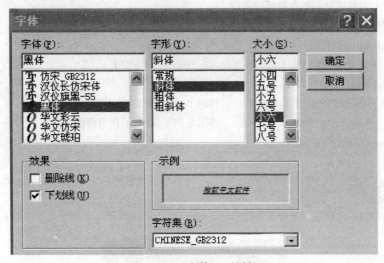

图 2-3 "字体"对话框

5) Top、Left、Height 和 Width：决定控件的大小和位置，在 VB 中单位是缇，Top 和 Left 表示窗体到屏幕顶部和左边的距离，Height 和 Width 指控件的高度和宽度，如图 2-4 所示。

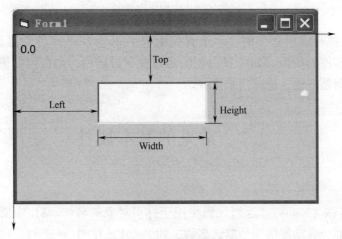

图 2-4 坐标位置的效果

6) Enabled：确定一个窗体或者控件是否对用户产生的事件有反应。当值为 True 时，用户可以进行操作；当值为 False 时，则禁止用户进行操作，显示的是灰色。

7) Visible：返回对象是可见还是隐藏，当值为 True 时，控件本身是可见的；当值为 False 时，程序运行时控件隐藏，但控件本身还是存在的。

8) ForeColor 和 BackColor：ForeColor 返回文本或图形的前景色，如图 2-5 所示。BackColor 返回文本或图形的背景色。用户也可以在调色板中直接选择所需的颜色。

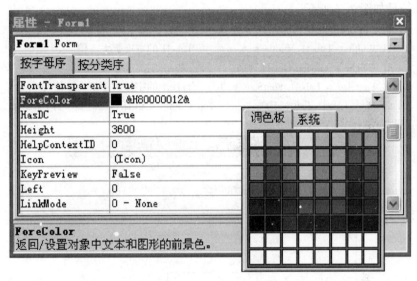

图 2-5　ForeColor 示例

9) WindowState：返回/设置一个窗体窗口运行时的可见状态。VB 提供三种形式：0-Normal 为普通状态，是默认形式；1-Minimized 为最小化显示窗口状态，以图标方式运行；2-Maximized 为最大化显示窗口状态，无边框，充满整个屏幕。

2.3　常见的基本方法

2.3.1　Move 方法

Move 方法用于移动窗体或控件的位置，其语法形式如下：

[Object].Move Left[，Top[，Width[，Height]]]

Object 是可选的,如果省略 Object,带有焦点的窗体默认为 Object。

Left 是必需的,指示 Object 左边的水平坐标(x-轴)。
Top 是可选的,指示 Object 顶边的垂直坐标(y-轴)。
Width 是可选的,指示 Object 新的宽度。
Height 是可选的,指示 Object 新的高度。

只有 Left 参数是必需的。但是,要指定任何其他的参数,必须先指定出现在语法中该参数前面的全部参数。例如,如果不先指定 Left 和 Top 参数,则无法指定 Width 参数。任何没有指定的尾部的参数则保持不变。

如下代码演示应用 Move 方法控制标签 Label 的移动,并改变标签的大小,运行结果如图 2-6 所示。

```
Private Sub Command1_Click( )
Label1. Width = Label1. Width * 5         'Label1 的宽度扩大 5 倍
Label1. Height = Label1. Height * 5       'Label1 的高度扩大 5 倍
Label1. FontSize = Label1. FontSize * 2   'Label1 的字体大小扩大 2 倍
Label1. Move Label1. Left + 500, Label1. Top + 500   'Label1 移动时 Left 和 Top 都增大 500
End Sub
```

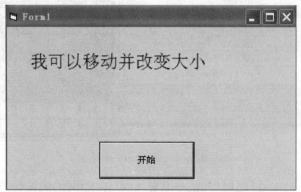

图 2-6　标签移动界面

2.3.2　SetFocus 方法

SetFocus 方法用于控制将焦点移至指定的控件或窗体。语法形式如下:
Object. SetFocus

对象必须是 Form 对象、窗体对象或者能够接收焦点的控件,如文本框等。调用 SetFocus 方法以后,任何的用户输入将指向指定的窗体或控件。

焦点只能移到可视的窗体或控件。在窗体的 Load 事件完成前,窗体或窗体上的控件是不可视的,所以如果不是在 Form_ Load 事件过程完成之前首先使用 Show 方法显示窗体的话,是不能使用 SetFocus 方法将焦点移至 Load 事件中的加载窗体。也不能把焦点移到 Enabled 属性被设置为 False 的窗体或控件。如果已在设计时将 Enabled 属性设置为 False,必须在使用 SetFocus 方法使其接收焦点前将 Enabled 属性设置为 True。如下示例语句：

```
Private Sub Command1_Click( )
Text1. Text = SetFocus      '当单击 Command 按钮时,焦点移动 Text1 文本框中
End Sub
```

2.3.3 Refresh 方法

Refresh 方法用于强制全部重绘一个窗体或控件（也就是"刷新"）。一般在下列情况下使用 Refresh 方法：

1）在另一个窗体被加载时显示一个窗体的全部。

2）更新诸如 FileListBox 控件之类的文件系统列表框的内容。

3）更新 Data 控件的数据结构。

Refresh 方法不能用于 MDI 窗体，但能用于 MDI 子窗体。不能在 Menu 或 Timer 控件上使用 Refresh 方法。

如果没有事件发生，通常窗体或控件的绘制是自动处理的。但是，有些情况下希望窗体或控件立即更新。例如，使用文件列表框、目录列表框或者驱动器列表框显示当前的目录结构状态，当目录结构发生变化时可以使用 Refresh 更新列表。

可以在 Data 控件上使用 Refresh 方法来打开或重新打开数据库（如果 DatabaseName、ReadOnly、Exclusive 或 Connect 属性的设置值发生改变），并能重建控件的 Recordset 属性内的 dynaset。例如：

Form1. Refresh   '刷新窗体

2.4 窗　　体

窗体是 VB 的重要操作界面，用户可以把工具箱中的所有控件拖入窗体中进行编辑，创建所需的应用程序。

2.4.1 窗体常用属性

大部分窗体的属性既可以通过属性窗口设置，也可以在代码中进行设置。

1）MaxButton 和 MinButton：最大化按钮和最小化按钮，其值为 True 和 False，默认情况下值是 True，表示窗体最大化和最小化可用，否则无按钮。

2）BorderStyle：返回/设置对象边框的样式，如图 2-7 所示，VB 为窗体提供了 6 种边框样式，默认是 2-Sizable，可移动，可改变大小。该属性和 MaxButton、MinButton 一样，只在运行时才能有效果。

3）ControlBox：返回一个值，说明运行时是否在窗体上显示控件菜单。

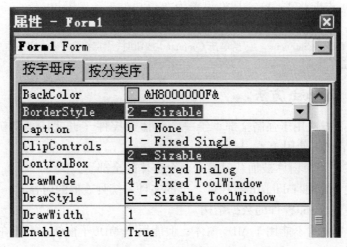

图 2-7 BorderStyle 设置值

值为 True 和 False，如果值是 True，则窗体左上角有控制菜单，如图 2-8 所示，否则，没有菜单。

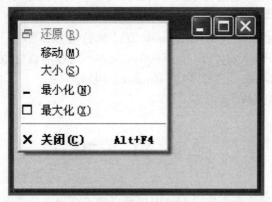

图 2-8 显示控制菜单

2.4.2 窗体常用事件

窗体常见的事件有 Activated、Click、DblClick、Hide、Load、Resize、UnLoad、Show 等方法。

1）Activated：当单击某一个窗体时，该窗体变为活动窗体，就会触发事件。

2）Click：鼠标单击窗体触发事件。

3）DblClick：鼠标双击窗体触发事件。

4）Hide：触发该事件会隐藏某个窗体。

5）Load：系统运行时，窗体装载触发该事件，可以完成初始化的操作。

6) Resize：触发该事件可以改变窗体的大小。

7) UnLoad：是 Load 事件的反操作，触发该事件可以使窗体消失。

8) Show：是 Hide 事件的反操作，触发该事件可以使隐藏的窗体显示出来。在多窗体交互过程中经常用到该事件。

2.4.3 窗体基本方法

窗体常用的基本方法有 Cls、Move 和 Print 等，如有多重窗体则有 Hide、Show 和 ShowDialog 等方法。

Cls 和 Move 两种方法前面已经介绍过了，下面介绍 Print 方法。

Print 方法主要是显示用户输出的信息内容，语法格式如下：

[Object.] Print [语句表达式]

Object 是 Print 把内容输出在某个对象上，如 Label、Picture 以及窗体等，默认是当前窗体。语句表达式是显示的内容，可以是字符串，也可以是具体数值等，如果省略则输出一空行。具体示例代码如下，运行后界面如图 2-9 所示。

```
Private Sub Command1_Click( )
    Print "学海无涯!"                    '在当前窗体显示"学海无涯"
    Print 1024                          '在当前窗体显示 1024
    a = 3                               '变量 a 赋值 3
    b = 4                               '变量 b 赋值 4
    Print                               '输出一个空行
    Print "a+b" & "=" & a + b           '输出 a+b 的值
End Sub
Private Sub Command2_Click( )
    Form1.Hide                          'Form1 窗体隐藏
    Form2.Show                          'Form2 窗体显示
    Form2.Picture1.FontSize = 18        'Form2 窗体中 Picture1 显示字号大小为 18
    Form2.Picture1.FontBold = True      'Form2 窗体中 Picture1 显示字体加粗
    Form2.Picture1.Print "机构运动"      'Form2 窗体中 Picture 显示"机构运动"
End Sub
Private Sub Form_Load( )
    Form1.FontSize = 16                 'Form1 窗体显示字号大小为 16
End Sub
```

Print 方法可以控制输出的格式，具体语法格式如下：

[Object.] Print [语句表达式][定位函数][分隔符]

定位函数主要有两种：Spc(n) 和 Tab(n)。Spc(n) 用于在输出信息时插入 n 个字符；Tab(n) 是从当前对象的最左端算起的 n 列。如果定位函数缺省，则输出的信息由当前对象的当前位置决定。

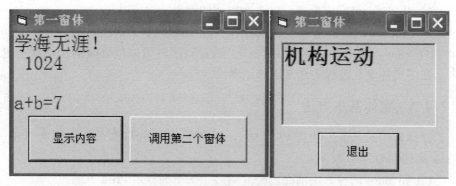

图 2-9　Print 输出及多窗体操作

分隔符主要有两种：分号和逗号，都表示输出信息后光标所在的位置。分号表示输出的信息定位在上一个信息之后；逗号表示在下一个显示区中显示输出的信息，VB 中每个显示区占 14 列。如果 Print 后面没有分隔符，则表示输出信息后自动换行显示。示例代码如下，运行后的界面如图 2-10 所示。

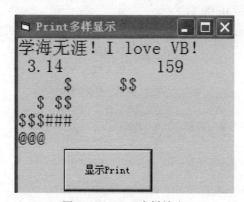

图 2-10　Print 多样输出

```
Private Sub Command1_Click( )
    Print "学海无涯!" ; "I love VB!"          '分号显示的形式
    Print 3.14, 159                          '逗号显示的形式
    Print Spc(5); "$"; Spc(5); "$$"          '显示"$"时前面空 5 列,然后隔 5 列显示"$$"
    Print Tab(3); "$"; Tab(5); "$$"          '定位在第 3 列显示"$",第 5 列显示"$$"
    Print "$$$";                             '显示"$$$"后,因后面是分号,等待下一个显示
    Print "###"                              '"###"会显示在上一个"$$$"之后
    Print "@@@"                              '另一行显示在上一个"@@@"之后
End Sub
Private Sub Form_Load( )
    Form1.FontSize = 16
End Sub
```

2.5 常用控件

VB提供了丰富的控件，常用的已显示在工具箱中，还有许多按件没有在工具箱中显示。用鼠标右击工具箱，会有弹出式菜单，如图2-11所示，里面有"部件"等选项。

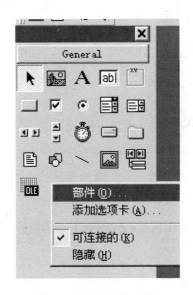

图2-11 右击添加部件

在图2-11中单击"部件"命令，就显示一个对话框，里面有许多可选的控件，如图2-12所示。根据开发应用程序的不同需求，可以选择相应功能的控件，单击"确定"按钮后，会在工具箱中显示出添加的控件。

2.5.1 命令按钮

命令按钮（CommandButton）是VB中常用的控件，用户用鼠标单击命令按钮后，就会触发Click事件，执行事件代码，完成相应的动作。

1. 命令按钮的属性

命令按钮的属性较多，常用的有Name、BackColor、Caption、Picture、Style、ToolTipText、Enabled等。其中Name、BackColor、Caption和Enabled前面已经介绍了，可参考2.2节的内容。

Caption补充的是：如果按钮中某个字母前加上"&"字符，则程序运行时标题中的该字母就有下划线，用户可以用ALT+该字母组合形成快捷键，程

基于Visual Basic的多连杆机构分析与仿真

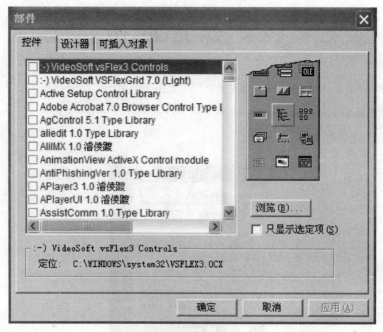

图 2-12　添加控件

序运行时可以方便用户操作，示例代码如下，运行界面如图 2-13 所示。

Private Sub Command1_Click( )

Form1. FontSize = 16

Print "命令快捷键演示"

End Sub

图 2-13　CommandButton 属性窗口

Style 和 Picture 这两个属性是组合应用，可以设置按钮是图标样式的按钮。Style 有两个属性值，如图 2-14 所示。

Style 属性默认是 0-Standard，指命令按钮为标准格式，只能显示文本信息。如果 Style 属性选择 1-Graphical，则命令按钮是图形风格，可以通过 Picture 属性添加图形，如图 2-15 所示。

不仅命令按钮有这个功能，单选按钮和复选框也有这样的功能，通过设

第 2 章 Visual Basic 程序设计基础

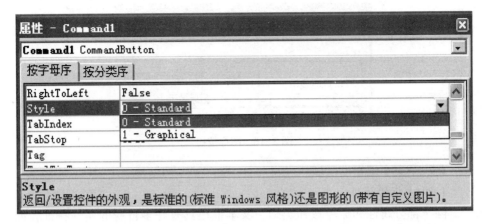

图 2-14 Style 属性

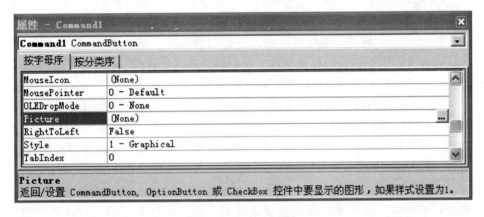

图 2-15 Picture 属性

置，用户可以提高应用程序中的美观度。DisabledPicture 和 DownPicture 属性分别用于设置命令按钮无效时与按钮处于按下状态时显示的图形，也就是按钮在不同状态下，可以设置不同的图形，如图 2-16 所示，前提都是 Style 属性设置为 1。

2. 命令按钮的方法和事件

命令按钮常见的方法是 SetFocus，设置焦点，当一个按钮设置焦点后，直接按回车键就可以操作。

命令按钮常见的事件是 Click 单击事件。

2.5.2 文本框

文本框（TextBox）用于接收用户在该区域输入、编辑、修改和显示信

基于Visual Basic的多连杆机构分析与仿真

图2-16　图标按钮

息，是一个文本编辑的区域。

1. 文本框的属性

除了部分属性和命令按钮类似，文本框还具有许多自身的属性特征，如Locked、MaxLength、MultiLine、PasswordChar、ScrollBars、SelText 和 Text 等。

Locked：决定控件是否可编辑，如果是 True，则说明文本框被锁定，不能编辑，否则是 False，处于可编辑状态，默认是 False。

MaxLength：设置文本框可以输入字符的最大数，默认是 0，表示可以输入任意长度。为了编程的可操作性，有些属性如身份证号、电话号码、邮编、出生年月日、密码等信息可以控制输入的长度。

MultiLine：多行显示文本信息，默认是一行显示信息。如果多行显示，常和 ScrollBars 组合使用。当 MultiLine 的值为 False 时，表示文本框不能多行显示，默认状态是 False。当 MultiLine 的值为 True 时，用户可以根据操作需要设置 ScrollBars 的状态。

PasswordChar：决定是否在文本框中显示用户的输入字符或保留区字符，默认状态是空，表示可以输入并显示任意字符，如果人工输入特殊的字符，如"#"，则显示在文本框的内容都是"#"，就形成了密码框的功能。

ScrollBars：设置对象是否有垂直或水平的滚动条，文本框必须先把 MultiLine 设置为 True 后，才能有滚动条出现，否则滚动条不会显示出来。ScrollBars 有四种状态，如图2-17 所示，当 ScrollBars 的值为 0-None，则说明没有滚动条；当 ScrollBars 的值为 1-Horizontal，则显示水平滚动条；当 ScrollBars 的值为 2-Vertical，则显示垂直滚动条；当 ScrollBars 的值为 3-Both，则同时显示水平滚动条和垂直滚动条。

SelText：选定文本框中的内容，实际操作中常和 SelStart 和 SelLength 一起使用。SelStart 属性为数值型，用于指定待选定部分文本块在文本框中的起始位置。第一个字符之前的位置为 0，以此类推。如果没有选定文本，则该属性指定插入点的位置。若设置值大于或等于文本框中文本的长度，则插入点在最后一个字符之后。SelLength 属性用于指定选定文本的长度。

第 2 章 Visual Basic 程序设计基础

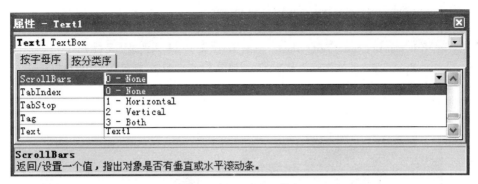

图 2-17 ScrollBars 状态

Text：文本属性，该属性的值就是用户输入文本框中的内容，如图 2-18 所示。

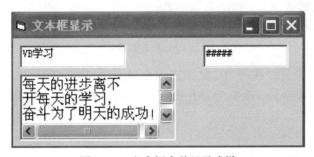

图 2-18 文本框多种显示式样

另外，文本框还可以和数据库结合使用，主要属性有 DataField、DataFormat、DataMember 和 DataSource 等，文本框不仅可以显示数据库中数据项的内容，而且可以把文本框中的信息写入数据库中。

2. 文本框的方法和事件

文本框常用的方法是 SetFocus，前面已经阐述过。文本框常用的事件有 Change、KeyPress、LostFocus 和 GotFocus 等。

Change 事件：当用户输入新内容，或者在程序中将 Text 属性重新赋值，即只要 Text 属性一旦发生改变即可触发该事件。注意，每输入一个字符，就要触发一次该事件。

KeyPress 事件：当键盘向 Text 文本框中键入字符时即可触发该事件。该事件参数中的 KeyAscii 可得到键入的按键的 Ascii 值，用户可凭此来得到用户按下的按钮。示例代码如下，运行结果如图 2-19 所示。

```
Private Sub Text1_Change( )
MsgBox "文本框 Change 事件"    '当 Text1 文本框有变化时,弹出消息框
End Sub
```

```
Private Sub Text2_KeyPress(KeyAscii As Integer)
If KeyAscii = 13 Then              '接收回车键 Ascii 码
    If IsNumeric(Text2.Text) Then   '判断 Text2 文本框输入的是不是数字
       Print "输入的是数字:" & Text2   '如果 Text2 是数字,则在窗体中输出信息
    End If
End If
End Sub
```

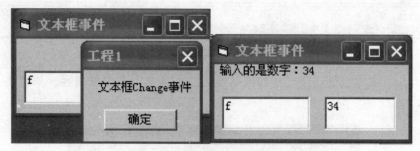

图 2-19　文本框事件

LostFocus 事件：在一个对象失去焦点时发生，焦点的丢失或者是由于制表键移动或是单击另一个对象操作的结果，或者是代码中使用 SetFocus 方法改变焦点的结果。语法如下：

Private Sub Form_LostFocus( )

Private Sub object_LostFocus([index As Integer])

LostFocus 事件过程主要是用来对更新进行验证和确认。使用 LostFocus 可以在焦点移离控件时引进确认。这类事件过程的另一种用途与 GotFocus 事件过程中的应用类似，可以隐藏、显示其他对象或者使它们有效或无效。也可使得设置在该对象的 GotFocus 事件过程中的条件取反或对其进行更改。

GotFocus 事件：当对象获得焦点时产生该事件；获得焦点可以通过诸如 TAB 切换，或单击对象之类的用户动作，或在代码中用 SetFocus 方法改变焦点来实现。语法如下：

Private Sub Form_GotFocus( )

Private Sub object_GotFocus([index As Integer])

通常，GotFocus 事件过程用以指定当控件或窗体首次接收焦点时发生的操作。例如，通过给窗体上每个控件附加一个 GotFocus 事件过程，就可以显示简要说明或用状态条信息给外界提供指导。根据获取焦点控件的不同，通过使其有效、禁止或者显示其他控件的方式，也可以提供出可视的提示。

2.5.3　标签

标签（Label）主要用来显示信息，和 Text 不同的是，Text 不仅可以显示

信息，而且可以输入、修改和编辑信息。

1. 标签的属性

标签主要的属性有 Alignment、Appearance、AutoSize、BorderStyle、BackStyle、Caption、Font、Left、Top、WordWrap 等。

Appearance：设置一个对象是不是以 3D 效果显示。有两种选择 0-Flat 和 1-3D，0-Flat 是以平面效果显示，而 1-3D 是 3D 效果，默认是 3D 效果。

AutoSize：决定控件是否能自动调整大小来显示内容，默认是 False，不能调整大小显示内容，用户可以用应用程序调整。

BackStyle：决定标签的背景样式是透明的还是不透明的，默认是 1-Opaque，不透明显示，相反是 0-Tansparent。

BorderStyle：设置标签的边框样式，默认是 0-None，没有边框，相反是 1-Fixed Single，有边框，如图 2-20 所示。

图 2-20　Label 显示

WordWrap：决定标签是否扩大以显示标题文字，默认是 False；如果需要调整，则选择 True。

另外，Label 也可以和数据库绑定，显示数据表的信息，和 Text 不同的是，Label 不可以编辑和修改。

2. 标签的事件

常用的标签事件主要有 Click、DblClick 和 Change 等。一般在 VB 的应用中，仅用来显示数据信息时，大部分用标签，示例代码如下，运行效果如图 2-21 所示。

```
Private Sub Label2_Click( )
    Label1.ForeColor = vbRed        '设置 Label1 的前景色是红色
    Label1.BackColor = vbGreen      '设置 Label1 的背景色是绿色
    Label1.FontSize = 16            '设置 Label1 的字号大小是 16
    Label1.FontBold = True          'Label1 的字体加粗
    Label1.Alignment = 1            'Label1 的对齐方式是右对齐
    Label2.Alignment = 2            'Label2 的对齐方式是居中
```

```
Label2.MousePointer = 2        '当鼠标移到Label2上后鼠标变为十字架
End Sub
```

图 2-21 Label 单击事件

2.5.4 框架、单选按钮和复选框

框架（Frame）类似一个容器，可以把功能类似的相关控件放在一起。框架的属性和事件与窗体基本相同。如有控件加入框架时，必须先有框架，然后把其他控件拖入框架中，这样才能保证框架和拖入的控件是绑定在一起的。

单选按钮（OptionButton）主要用于多项选择中只能选择其一，在选取一个后，其他选项就不起作用，单选按钮的主要属性是 Value，如果选中，则 Value 值为 True，否则为 False。

复选框（CheckBox）主要用于在多项选择中选择多个。复选框的主要属性也是 Value，该 Value 值有三个选项：0-Unchecked，表示没有选中，默认值；1-Checked，表示选中；2-Grayed，表示暂时不能访问，是灰色的。

单选按钮和复选框都有许多相同的属性，如 Alignment、Caption、Picture、Font、Visible 等，而且都可以和数据库绑定，进行数据表的相关操作。

单选按钮和复选框都有相同的事件——Click 单击事件。示例代码如下，运行界面如图 2-22 所示。

```
Private Sub Check1_Click( )
    If Check1.Value = 1 Then       '如果选中Check1,则把Check1的Caption显示在Text1中
        Text1 = Text1 & Check1.Caption & vbCrLf
    End If
End Sub
Private Sub Check2_Click( )
    If Check2.Value = 1 Then
        Text1 = Text1 & Check2.Caption & vbCrLf
    End If
End Sub
Private Sub Check3_Click( )
    If Check3.Value = 1 Then
```

第 2 章　Visual Basic 程序设计基础

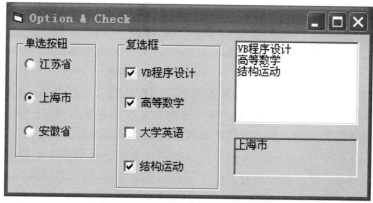

图 2-22　框架、选框和复选框的应用

```
    Text1 = Text1 & Check3.Caption & vbCrLf
  End If
End Sub
Private Sub Check4_Click( )
  If Check4.Value = 1 Then
    Text1 = Text1 & Check4.Caption & vbCrLf
  End If
End Sub
Private Sub Option1_Click( )
  If Option1.Value = True Then
    '如果选中单选按钮 Option1,则把 Option1 的 Caption 显示在 Label1 中
    Label1.Caption = Option1.Caption
    Label1.Refresh              '刷新标签 Label1
  End If
End Sub
Private Sub Option2_Click( )
  If Option2.Value = True Then
    Label1.Caption = Option2.Caption
    Label1.Refresh
  End If
End Sub
Private Sub Option3_Click( )
  If Option3.Value = True Then
    Label1.Caption = Option3.Caption
    Label1.Refresh
  End If
End Sub
```

2.5.5 图像和图片框

图像控件（Image）用于显示一个图形，有一个重要属性 Stretch，该属性决定是否调整图形的大小以适应图像控件。Stretch 有两个属性值：True 和 False，当 Stretch 为 True 时，加载的图形随图像框的大小而改变，此时，用户可控制图像控件的大小实现改变图形的大小，但随着增大图片，图片的显示质量可能降低；否则，图像控件根据自身的大小裁剪图形的大小。

图片框控件（Picture）不仅可以显示图形文件，还可用于创建动画图形。和图像控件不一样，该控件有另一个属性：AutoSize，该属性决定控件是否能自动调整大小以显示所有的内容。AutoSize 有两个属性值：True 和 False，当 AutoSize 为 True 时，表示装载的图形可以随图片框控件的大小而改变大小；否则，装载的图形不能改变大小，多余的部分会被裁剪掉，无法显示完整。

无论是图像控件还是图片框控件，可以显示 bmp、ico、wmf、gif 和 jpeg 等位图文件或图标文件，可以随意调整图形的大小。

图片框控件还可以作为容器放进其他控件，类似框架 Frame，并可以通过 Circle、Line、Print 和 PSet 等方法显示文本或图形。

图像控件和图片框控件都可以通过属性 Picture 直接选择图形进行加载，也可以通过代码实现，语法如下：

LoadPicture([文件名],[大小],[颜色深度])   '装载图形
LoadPicture( )   '删除图形

具体示例代码如下，运行界面如图 2-23 所示。

```
Private Sub Command1_Click( )
Picture1.Picture = LoadPicture("PLANE.ICO")
Image1.Picture = LoadPicture("NOTE14.ICO")
End Sub
```

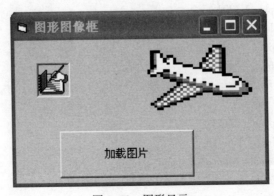

图 2-23 图形显示

2.5.6 列表框

列表框（ListBox）控件用于列出可供用户选择的多个项目列表，鼠标单击时，便于从多个项目列表中选择一个或多个项目，列表框项目多时会有一个垂直滚动条，不能修改列表框中的项目内容。

1. 列表框的常用属性

列表框的基本属性有 Name、Height、Width、Top、Left、Enabled、Visible 和 Index 等，和前面介绍的基本相似，不再赘述。

列表框有自己特有的属性：Columns、List、ListCount、ListIndex、MultiSelect、Selected、Sorted、Style、Text 等。

Columns 属性：用来确定列表框的列数。属性值为 0，则列表框呈单列显示，默认状态为 0；属性值为 1，则列表框呈多列显示；属性值为大于 1 且小于列表框中的项目数，则列表框呈单行多列显示。

List 属性：存放列表框包含的项目，是一位数组。List 数组的下标是从 0 开始的，也就是说，第一个元素的下标是 0。List 属性既可以在设计状态设置，也可以通过 List 属性向列表框中添加项。其操作步骤如下：

1）在窗体上添加一个列表框，保持在活动状态，在属性窗口中，单击 List 属性，然后单击右端的箭头，将下拉一个方框，可以在该列表框中输入列表项目，每输入一项按 Ctrl+Enter 键换行，全部输入完后按回车键，所输入的项目即出现在列表框中。

2）List 属性也可以在程序中设置，用 AddItem 方法向列表框中添加项目。

ListCount 属性：表示列表框中项目的数量。ListCount-1 表示列表中最后一项的序号。使用 0~ListCount-1 之间的一个索引号与 List 属性可以获得任何一个列表项的内容。该属性只在程序运行时设置或引用。

ListIndex 属性：表示执行时选中的列表项序号。如果未选中任何项，则 ListIndex 的值为-1，该属性只在程序运行时设置或引用。

MultiSelect 属性：用来设置一次可以选择的列表项数。该属性的设置决定了用户是否可以在列表框中选择多个表项。MultiSelect 属性可以设置成以下 3 种值：

1）0-None：只能选择一项。

2）1-Simple：简单多项选择。可以同时选择多项，后续的选择不会取消前面所选择的项，可以用鼠标和空格键选择。

3）2-Extended：扩展多项选择。可以选择指定范围内的表项，其方法是：按住 Shift 键的同时单击鼠标，或者按住 Shift 键且移动光标键，就可以从前一个选定的项扩展到当前选定项，即选定多个连续项。按住 Ctrl 键的同时单击鼠标，或者按空格键，则表示选定或取消选定一个选择项，或不连续地选择多个选项。

Selected 属性：是一个逻辑数组，其元素对应列表框中相应的项，表示对应的项在程序运行期间是否被选中。例如，Selected（i）的值为 True，表示第 i+1 项被选中。该属性只在程序运行时设置或引用。

Sorted 属性：决定列表框中的项目在程序运行期间是否按字母排列显示。True：按字母顺序排列显示；False：按加入的先后顺序排列显示。该属性只能在设计状态设置。

Style 属性：该属性用于确定控件的外观，只能在设计时确定。其值可以设置为 0-Standard 和 1-Checkbox，具体描述如下：

1) 0- Standard：如果列表框中内容数目的总高度超过了列表框的高度，将在列表框的右边加上一个垂直滚动条，可以通过它上下移动列表。

2) 1- Checkbox：如果列表框中内容数目的总高度超过了列表框的高度，将把部分表项移到右边一列或几列显示。当各列宽度之和超过列表框的宽度时，将自动在底部增加一个水平滚动条，可以通过它左右移动列表。

Text 属性：是被选中列表项的文本内容。该属性只在程序运行时设置或引用。List1.Text 表示被选中列表项的文本内容，即 List1.ListIndex 项的值。

2. 列表框的常用方法

列表框中的列表项，可以在设计状态通过 List 属性设置，也可以在程序中用 AddItem 方法来添加，用 RemoveItem 方法或 Clear 方法删除列表项。

（1）AddItem 方法

格式：列表框.AddItem（项目字符串）［,索引值］

功能：AddItem 方法把"项目字符串"的文本放到列表框中。

说明：如果省略了"索引值"，则文本被放在列表框的尾部。可以用"索引值"指定插入在列表框中的位置，表中的项目是从 0 开始的计数，"索引值"不能大于表中项数 ListCount-1。该方法只能单个地向表中添加项目。

（2）RemoveItem 方法

格式：列表框.RemoveItem（索引值）

功能：该方法用来删除列表框中指定的项目。

说明：该方法从列表框中删除以"索引值"为地址的项目，该方法每次只删除一个项目。

（3）Clear 方法

格式：列表框.Clear

功能：该方法用来删除列表框中的全部内容。

说明：执行 Clear 方法后，ListCount 重新被设置为 0。

第 2 章　Visual Basic 程序设计基础

3. 列表框的常用事件

列表框接收 Click 和 DblClick 事件。但有时不用编写 Click 事件过程代码，而是单击一个命令按钮或发生 DblClick 事件时，读取 Text 属性。示例代码如下，运行界面如图 2-24 所示。

```
Private Sub Command1_Click( )
    List1. Clear
    List1. AddItem "北京市"
    List1. AddItem "上海市"
    List1. AddItem "南京市"
    List1. AddItem "西安市"
    List1. AddItem "济南市"
    List1. AddItem "合肥市"
    List1. AddItem "杭州市"
    List1. AddItem "哈尔滨市"
    List1. AddItem "西宁市"
    List1. AddItem "南昌市"
    Label2. Caption = "共有" & List1. ListCount & "个项目"
End Sub
Private Sub Command2_Click( )
    List1. RemoveItem List1. ListIndex
End Sub
Private Sub List1_Click( )
    Label1. Caption = List1. Text
End Sub
```

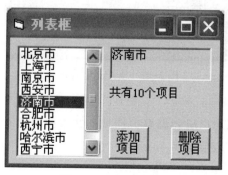

图 2-24　列表框示例

2.5.7　组合框

组合框控件（ComboBox）是将文本框控件（TextBox）与列表框控件

（ListBox）的特性结合为一体，兼具文本框控件与列表框控件两者的特性。它既可以如同列表框一样，让用户选择所需项目；又可以如同文本框一样，通过输入文本来选择表项。

1. 组合框控件的主要属性

组合框的大部分属性与列表框控件基本相同，但组合框有自己的一些特有属性：Style 和 Text。

（1）Style 属性

组合框共有三种 Style 取值：当值为 0-DropDown Combo，组合框是下拉式组合框，与下拉式列表框相似。但不同的是，下拉式组合框可以通过输入文本的方法在表项中进行选择，如图 2-25 所示。当值为 1-Simple Combo，组合框是简单组合框，由可以输入文本的编辑区与一个标准列表框组成，如图 2-26 所示。当值为 2- Dropdown ListBox，组合框是下拉式列表框，它的右边有个箭头，可用于"拉下"或"收起"操作，只能显示和选择信息，如图 2-27 所示。

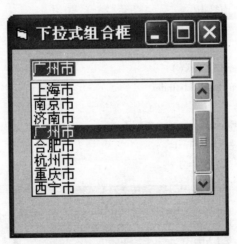

图 2-25　下拉式组合框

（2）Text 属性

Text 属性值返回用户从列表框中选择的文本或直接在编辑区域输入的文本，可以在界面设置时直接输入。

2. 组合框的主要事件和方法

根据组合框的类型，它们所响应的事件是不同的。例如，当组合框的 Style 属性为 1-Simple Combo 时，能接收 DblClick 事件，而其他两种组合框能够接收 Click 与 Dropdown 事件；当 Style 属性为 0- DropDown Combo 或 1-Simple Combo 时，文本框可以接收 Change 事件。

组合框的方法和列表框的方法相似，主要有 AddItem、Clear、RemoveItem

第 2 章 Visual Basic 程序设计基础

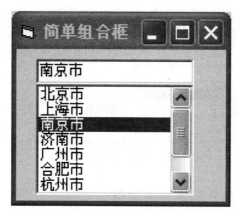

图 2-26 简单组合框

图 2-27 下拉列表框

方法。

示例代码如下，运行界面如图 2-28 所示。

Private Sub Combo1_Click( )

Label3.Caption = "选择的城市是:" & Combo1.Text

End Sub

Private Sub Command1_Click( )

Combo1.RemoveItem Combo1.ListIndex

Label1.Caption = ""

End Sub

Private Sub Command2_Click( )

Combo1.AddItem Combo1.Text

End Sub

图 2-28　组合框操作

2.5.8　水平滚动条和垂直滚动条

滚动条常常用来附在某个窗口上帮助观察数据或确定位置，也可以用来作为数据输入的工具。如调色板上的自定义色彩，可以通过滚动条用尝试的办法找到自己需要的具体数值。滚动条分为横向（HscrollBar）与垂直（VscrollBar）两种。

1. 滚动条控件的主要属性

滚动条控件的主要属性有 Max、Min、Value、LargeChange 和 SmallChange 等。

Max 和 Min 属性：滚动块在最右边（横向滚动条）或最下边（竖向滚动条）时返回的值就是最大值；滚动块在最左边或最上边时返回的值最小。Max 和 Min 属性是创建滚动条控件必须指定的属性，默认状态下，Max 值为 32767，Min 值为 0。本属性既可以在界面设计过程中设定，也可以在程序运行过程中设定。

Value 属性：Value 属性返回或设置滚动滑块在当前滚动条中的位置，Value 值可以在设计时指定，也可以在程序运行中改变。

SmallChange 和 LargeChange 属性：当用户单击滚动条左右边上的箭头时，滚动条控件 Value 值的改变量就是 SmallChange。单击滚动条中滚动框前面或后面的部位时，引发 Value 值按 LargeChange 设定的数值进行改变。

2. 滚动条控件的事件

与滚动条控件相关的事件主要是 Scroll 与 Change，当在滚动条内拖动滚动框时会触发 Scroll 事件，滚动框发生位置改变后则会触发 Change 事件。Scroll 事件用来跟踪滚动条中的动态变化，Change 事件用来得到滚动条最后的值。

具体示例代码如下，运行界面如图 2-29 所示。

```
Private Sub HScroll1_Change( )
    HScroll1.Max = 100
    HScroll1.Min = 0
```

第 2 章　Visual Basic 程序设计基础

```
    HScroll1.SmallChange = 1
    HScroll1.LargeChange = 4
    Label1.Caption = "水平滚动条显示的值是:" & HScroll1.Value
End Sub
Private Sub VScroll1_Change()
    VScroll1.Max = 200
    VScroll1.Min = 10
    VScroll1.SmallChange = 2
    VScroll1.LargeChange = 5
    Label2.Caption = "垂直滚动条显示的值是:" & VScroll1.Value
End Sub
```

图 2-29　滚动条演示效果

2.5.9　计时器

　　计时器控件（Timer）可以设置时间间隔，当经过设定的时间后，随着触发的 Timer 事件，有规律地执行 Timer 事件过程中的程序代码。

　　1. 计时器控件的主要属性

　　计时器与其他控件不同，加入窗体的计时器控件在运行时是不可见的，主要属性有 Enabled 和 Interval。

　　Enabled：当 Enabled 属性为 False 时，定时器不产生 Timer 事件。在程序设计时，利用该属性可以按照用户需求来开启或关闭 Timer 控件。默认值是 True。

　　Interval：该属性决定两个 Timer 事件之间的时间间隔，默认值是 0，无间隔，计时器不工作，时间单位是 ms。

　　2. 计时器控件的主要事件

　　计时器控件的主要事件就是 Timer 事件，计时器控件没有方法。

　　具体示例如下，运行界面如图 2-30 所示。

```vb
Private Sub Command1_Click()        '开始按钮
    Shape1.Visible = True
    Shape2.Visible = False
    Shape3.Visible = False
    Timer1.Enabled = True
    Timer1.Interval = 500
End Sub
Private Sub Command2_Click()        '结束按钮
    Timer1.Enabled = False
    Timer2.Enabled = False
    Timer3.Enabled = False
    Shape1.Visible = False
    Shape2.Visible = False
    Shape3.Visible = False
End Sub
Private Sub Timer1_Timer()
    Timer1.Enabled = False
    Shape2.Visible = True
    Shape1.Visible = False
    Shape3.Visible = False
    Timer2.Enabled = True
    Timer2.Interval = 500
End Sub
Private Sub Timer2_Timer()
    Timer1.Enabled = False
    Timer2.Enabled = False
    Shape3.Visible = True
    Shape2.Visible = False
    Shape1.Visible = False
    Timer3.Enabled = True
    Timer3.Interval = 500
End Sub
Private Sub Timer3_Timer()
    Timer1.Enabled = True
    Timer2.Enabled = False
    Timer3.Enabled = False
    Timer1.Interval = 500
    Shape3.Visible = False
    Shape2.Visible = False
```

Shape1.Visible = True
End Sub

图 2-30　红绿灯演示效果

第 3 章

Visual Basic 语言基础

3.1 VB 程序书写准则

3.1.1 赋值语句

赋值语句的用法如下：

对象属性或变量 = 表达式

含义：将等号右边表达式的值传送给等号左边的变量或者对象属性。例如：

Label1.caption="学习 VB"

3.1.2 程序的书写规则

注释：程序员可以使用注释来说明自己编写某段代码或某个变量的目的，便于用户阅读理解程序。

1）'注释文字，英文状态下的单引号注释语句。

2）Rem 注释文字，关键字注释语句。

说明：注释可以和语句在同一行并写在语句的后面，也可占据一整行。

断行：将长语句分成多行。

续行符"_"（一个空格紧跟一条下划线），例如：

temp="您输入的数字是:"& _
  "a+b="& _
  c&

注意：在同一行内，续行符后面不能加注释；续行符不应将变量名和属性分隔在两行；原则上，续行符应加在运算符的前后。

3）将多行语句写在一行上。

一行中写多条语句，可用":"作为分隔符。例如：

a=b:b=c:c=a

VB 代码中不区分大小写，但要注意关键字。一个代码的长度不得超过 1023B，且在一行的实际文本之前最多只能有 256 个前导空格。

3.2 VB 数据类型

VB 具有强大的数据处理能力，它的具体表现就是 VB 程序不仅可以处理各种数制的值，而且具有丰富的数据类型。

在 VB 中，数据分为常量和变量两种类型，常量可以是具体的数值，也可以是专门说明的符号，变量会随着数据在程序处理中发生变化。

■ 3.2.1 常用的数据类型

用户可以直接使用由系统提供的基本数据类型。表 3-1 列出了 VB 的基本数据类型和占用空间等。表 3-1 中丰富的数据类型可以提高编程的效率，用户合理地选择使用数据类型非常重要。由于不同类型的数据在计算机内部存储的形式以及占用的存储单元个数不同，因此，各自能够表示的数据范围也有所不同。如果需要处理的数值超出了相应数据类型的表示范围，将产生"数据溢出"的错误。

表 3-1 VB 的基本数据类型

数据类型	关键字	类型符	占字节数
字节型	Byte		1
逻辑型	Boolean		2
整型	Integer	%	2
长整型	Long	&	4
单精度型	Single	!	4
双精度型	Double	#	8
货币型	Currency	@	8
日期型	Date		8
字符串型	String	$	字符串长度
对象型	Object		4
变体型	Variant		按需分配

■ 3.2.2 运算符与表达式

本书中的案例需要进行复杂的运算，就需要各种运算符号，以实现程序编写所需的大量操作。

1. 算术运算符

表3-2中是VB使用的算术运算符，在实际计算中，优先级不一样，计算时需要小心谨慎，建议在代码中加入圆括号，如"（）"。

表 3-2 算术运算符

运算符	含义	优先级	举例	结果
^	幂运算	1	8^(1/3)	2
-	负号	2	-8	-8
*	乘	3	8*8*8	512
/	除	3	8/6	1.3333333
\	整除	4	8\6	1
Mod	取余	5	8 mod 6	2
+	加	6	6+8	14
-	减	6	6-8	-1

2. 字符串连接符

VB中字符串连接符有："&"和"+"。

&：两旁的操作数可以任意，转换成字符型后再连接。

+：两旁的操作数应均为字符型；如果都是数值型，则进行算术加运算；如果一个为数字字符，另一个为数值，则系统自动将数字字符转换为数值后进行算术加；如果一个为非数字字符，另一个为数值型，则会出错。

3. 关系运算符

关系运算符是将两个操作数进行大小比较，结果为True或False，如表3-3所示。

表 3-3 关系运算符

运算符	描述	举例	结果
==	等于	"ABCD"=="abcd"	False
>	大于	"AB">"abcd"	False
>=	大于等于	"bc">="BC"	True
<	小于	33<4	False
<=	小于等于	"33"<"4"	True
<>	不等于	"ab"<>"AB"	True

3.2.3 常用的内部函数

内部函数是VB系统为实现一些常用特定功能而设置的内部程序，编程时使用函数，可以提高编程效率。常用的数学函数如表 3-4 所示；常用的转换函数如表 3-5 所示；常用的字符串函数如表 3-6 所示；常用的日期函数如表 3-7 所示。

表 3-4　数学函数

函数名	描　　述
Abs（N）	绝对值
Atn（N）	反正切值（弧度）
Cos（N）	余弦值（弧度）
Sin（N）	正弦值（弧度）
Tan（N）	正切值（弧度）
Log（N）	自然对数
Sign（N）	符号函数，N>0，返回 1；N=0，返回 0；N<0，返回-1
Sqrt（N）	平方根
Exp（N）	以 e 为底的幂

表 3-5　转换函数

函数名	描　　述
Asc（C）	字符转换成 ASCII 码值
Chr（N）	ASCII 码值转换成字符
Str（N）	数值转换为字符串
Val（C）	数字字符串转换为数值
Lcase（C）	大写字母转换为小写字母
Ucase（C）	小写字母转换为大写字母
Fix（N）	舍弃 N 的小数部分，返回整数部分
Round（N1,［N2］）	对 N1 保留小数点后 N2 位，并四舍五入取整；默认 N2 为 0
Int（N）	返回不大于 N 的最大整数
Hex（N）	十进制转换为十六进制
Oct（N）	十进制转换为八进制

表 3-6　字符串函数

函数名	描　　述
Instr（C1，C2）	在 C1 中找 C2 出现的位置，找不到为 0
Replace（C，C1，C2）	在 C 字符串中用 C2 替代 C1
Len（C）	字符串 C 的长度
String（N，C）	产生 N 个 C 字符组成的字符串

续表

函数名	描述
Left（C, N）	取出字符串左边 N 个字符
Right（C, N）	取出字符串右边 N 个字符
Trim（C）	删除字符串两边的空格
Mid（C, N1, [N2]）	取字符子串, 在 C 中从 N1 位置开始向右取 N2 个字符, N2 缺省时则从 N1 开始取右侧字符到结束
Space（N）	产生 N 个空格的字符串

表 3-7 日期函数

函数名	描述
Date	返回系统日期
Now [( )]	返回系统日期和时间
Time	返回系统时间
Year（D）	返回年份为 4 位整数
Weekday（D）	返回星期代号（1~7）；星期日为 1, 星期一为 2, ……, 星期六为 7

以上是 VB 中的部分函数,实际应用中可能还用到其他函数,可以查阅 MSDN 手册,里面有较详细的说明。

3.3 VB 语句及控制结构

VB 具有结构化程序设计的三种程序控制结构,即顺序结构、选择结构和循环结构,是程序设计的基础。顺序结构流程图如图 3-1 所示,If…Then…Else…End If 选择结构如图 3-2 所示,Do While [/Until]…Loop 循环结构流程图如图 3-3 所示。

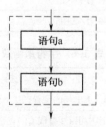

图 3-1 顺序结构流程图

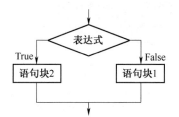

图 3-2　选择结构流程图

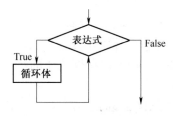

图 3-3　循环结构流程图

3.3.1　顺序结构

一般程序设计语言中顺序结构的主要语句包括赋值语句和输入/输出语句等。

在 VB 中赋值语句的输入/输出通过：①文本框控件和标签控件，②Input-Box 函数、MsgBox 函数和过程，③Print 方法等来实现。

1. 常见的赋值语句

形式：变量名=表达式

　　　［对象名.］属性名=表达式

功能：计算表达式的值，再将此值赋给变量或对象属性。

给变量赋值和设定属性是 VB 编程中常见的两个任务。例如：

```
m = m + 1              '计数累加
Text1.Text = ""        '清除文本框的内容
Text1.Text = "Hello, world!"
```

2. InputBox 函数

打开一个对话框，等待用户输入，返回字符串类型的输入值。

形式：InputBox（提示［,标题］［,默认值］［,x 坐标位置］［,y 坐标位置］）

如图 3-4 所示，该界面的实现语句是 InputBox（"Please input a number:","输入演示",100）。

3. MsgBox 函数和 MsgBox 过程

MsgBox 函数返回所选按钮的值，MsgBox 过程不返回值。

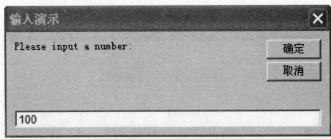

图 3-4　InputBox 输入框演示

MsgBox 函数的形式：变量[%] = MsgBox(提示[,按钮][,标题])

MsgBox 过程的形式：MsgBox 提示[,按钮][,标题]

按钮项是一整型表达式，决定信息框按钮的数目和类型及出现在信息框上的图标形式，如表 3-8 所示。

代码"MsgBox "问题"，vbQuestion,"演示""，返回如图 3-5 所示的界面。

图 3-5　MsgBox 界面

表 3-8　MsgBox 常用设置值及功能

类型	常数	值	功能描述
按钮类型	vbOkOnly	0	仅显示"确定"按钮
	vbOkCancel	1	显示"确定"和"取消"按钮
	vbAbortRetryIgnore	2	显示"终止""重试"和"忽略"按钮
	vbYesNoCancel	3	显示"是""否"和"取消"按钮
	vbYesNo	4	显示"是"和"否"按钮
	vbRetryCancel	5	显示"重试"和"取消"按钮
图标类型	vbCritical	16	显示关键信息图标
	vbQuestion	32	显示询问信息图标
	vbExclamation	48	显示警告信息图标
	vbInformation	64	显示信息图标

4. Format 函数

Format 函数可以将数值、日期或字符串按指定的格式输出，格式如下：

Format（表达式,"格式字符串"）

本书中会有许多计算，为了方便，在程序代码中加入了许多格式函数的运用，常见格式化如表3-9所示。

表3-9 格式函数

符号	说明	举例	结果
0	显示一个数字或零。如实际数字小于符号位数，数字前后加0	Format（123.456,"0000,0000"） Format（123.456,"00.00"）	0123.4560 123.46
#	如实际数字小于符号位数，数字前后不加0	Format（123.456,"####,####"） Format（123.456,"##.##"）	123.456 123.46
,	千分位占位符	Format（9123.456,"##,##0.0000"）	9,123.4560
%	百分比占位符，将表达式乘以100，并在数字末尾加上%	Format（123.456,"##.##%"）	12345.6%

3.3.2 选择结构

1. If 语句

选择语句是常见的语句结构类型，根据判断某个条件的真假，分别执行不同的分支语句，在后面实例的代码中会用到。

选择语句的一般形式如下：

If 条件 Then
　　语句1
Else 如果"条件"成立（或为真），则程序执行"语句1"，否则执行"语句2"
　　语句2
End If

If 语句允许多次嵌套形成多分支语句。如假定判断一个整数是小于1，在1~99之间，大于等于100，代码如下：

Private Sub Command1_Click()
Dim a As Integer　　　　　　　　　　　'定义 a 是整型
a = Val(Text1.Text)　　　　　　　　　　'Val 函数是把字符串转换为数值
If a < 0 Then
　　Text2.Text = "这个数小于零！"
ElseIf ((a >= 1) And (a < 100)) Then
　　Text2.Text = "这个数在1-100之间！"
Else
　　Text2.Text = "这个数大于或等于100！"
End If

End Sub

2. Select 语句

Select 语句的一般形式如下：

Select Case 表达式

Case c1

　　语句 1

Case c2

　　语句 2

……

Case Else

　　语句 n

End Select

表达式是算术表达式或字符表达式；c1，c2，…是测试项，取值范围如下：

●可以是具体的数值，如 2、3、5 等。

●连续的数据范围，如 1 To 10，C To Z 等。

●满足某个判决条件，如 Is>10，Is<="M" 等。

●测试项可以是多个组合，之间用逗号隔开。

Select 语句执行时，会逐个检查每个 Case 语句的测试项，选择满足条件的一项执行。例如前面用 If 语句判断数值的范围，可以改成以下语句，运行结果如图 3-6 所示。

图 3-6　条件语句演示

```
Private Sub Command1_Click()
Dim a As Integer
a = Val(Text1.Text)
    Select Case a
    Case Is < 0
        Text2.Text = "这个数小于零!"
```

第3章 Visual Basic 语言基础

```
        Case 1 To 100
                Text2.Text = "这个数在 1-100 之间！"
        Case Else
                Text2.Text = "这个数大于或等于 100！"
        End Select
End Sub
```

▍3.3.3　循环语句

1. Do-Loop 循环结构

Do-Loop 循环结构有如下两种形式：

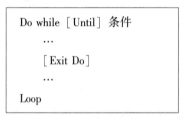 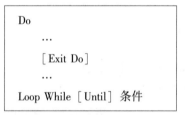

在执行循环体时，如果满足"条件"，则执行 Exit Do 语句，直接退出循环。示例代码如下，执行结果如图 3-7 所示。

```
Private Sub Command1_Click()
Dim sum As Integer              'sum 是整型
Dim i As Integer                '定义 i 是整型
i = 1
Do While i < 20
    sum = sum + i
    i = i + 2
Loop
Print "sum="; sum
Print "退出循环后 i 的值是:i="; i
End Sub
```

图 3-7　Do-While 循环

2. For-Next 循环结构

如果已知循环次数，则可以使用该循环结构，语句形式如下：

45

```
For i=n1 To n2 [step N]
    ...
    [Exit For]
    ...
```

其中 i 称为循环变量，是整型或单精度型；n1，n2，N 是控制循环的参数，n1 是初始值，n2 是终止值，N 是步长值，如果 N=1，则可以省略。示例代码如下，执行结果如图 3-8 所示。

```
Private Sub Command1_Click( )
Dim sum As Integer
For i = 1 To100 Step 2                  '1-100 的奇数和
    sum = sum + i
Next i
Print "sum="; sum
Print "退出循环后 i 的值是:i="; i
End Sub
```

图 3-8　For-Next 循环

3. 循环嵌套

循环语句 Do-Loop 和 For-Next 都可以在大循环中套小循环。执行语句时一定是小循环完整地被包含在大循环之内。例如下例代码执行完后显示的是九九乘法表，如图 3-9 所示。

```
Private Sub Command1_Click( )
    Dim i As Integer, j As Integer    '定义 i,j 都是整型
    For i = 1 To 9
      For j = 1 To 9
        Print Tab((j - 1) * 7 + 1); i & " * " & j & " =" & i * j;
            '使用 Tab 控制输出的格式
        Next j
        Print
    Next i
End Sub
```

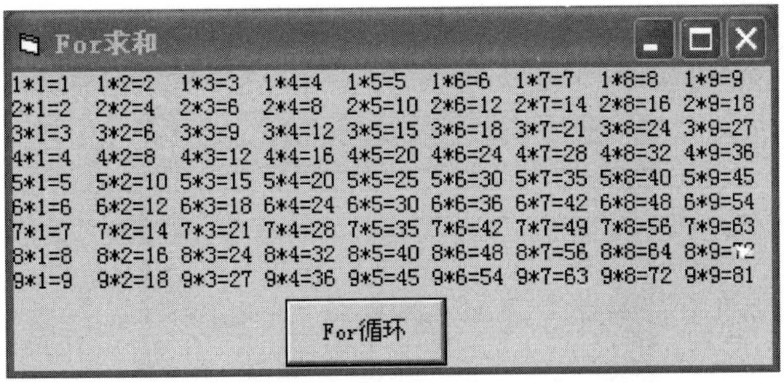

图 3-9　嵌套循环

3.4　数　　组

数组是一组具有相同类型的有序变量的集合。这些变量按照一定的规则排列，使用一片连续的存储单元。使用数组就是用一个相同的名字引用这一组变量中的数据，这个名字称为数组名。

1. 定长数组及声明

定长数组是指在数组声明后，在使用过程中不能改变大小的数组。

一维数组的声明形式：Dim 数组名（下标）［As 类型］

其中，下标必须是常数，不可以为表达式或变量；下标的形式：［下界 To］上界，下界可以省略，其默认值是 0；数组的大小：上界-下界+1；As 类型：如果缺省，是变体型数组。如下描述：

　　Dim a(99) As Integer　　　'a 为整型的一维数组,有 100 个元素,下标范围是 0~99

多维数组的声明形式：Dim 数组名(下标 1,下标 2,…)［As 类型］

其中，下标个数：决定了数组的维数；数组大小：各维数组大小的乘积。如下描述：

　　Dim b(4,5) As Integer　　'有 5 行 6 列,共 30 个元素的二维数组构成一个平面

　　Dim b(2,3,4) As Integer　'有 60 个元素组成的三维数组

2. 动态数组及声明

动态数组是指在声明数组时未给出数组的大小，当要使用数组时，再用 ReDim 语句指出数组的大小。

在具体使用时首先用 Dim 语句声明数组，但不能指定数组的大小，描述如下：

　　Dim 数组名（ ）As 数据类型

最后用 ReDim 语句动态分配元素个数,描述如下：

ReDim 数据名(下标1,[下标2,…])

在如下程序代码段中实现了动态数组的应用,运行结果如图3-10所示。

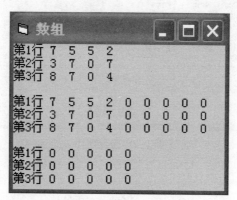

图3-10 动态数组

```
Private Sub Form_Load()
Dim A() As Integer              '定义整型数组
Dim i%, j%                      '定义i,j整型变量
ReDim A(2, 3) As Integer        '重定义整型数组
For i = 0 To 2
   Print "第" & i + 1 & "行";
   For j = 0 To 3
      A(i, j) = Int(Rnd * 10)   'Rnd产生随机数
      Print A(i, j);
   Next j
   Print
Next i
Print
ReDim Preserve A(2, 8) As Integer
For i = 0 To 2
   Print "第" & i + 1 & "行";
   For j = 0 To 8
      Print A(i, j);
   Next j
   Print
Next i
Print
ReDim A(2, 4) As Integer
For i = 0 To 2
   Print "第" & i + 1 & "行";
```

```
    For j = 0 To 4
        Print A(i, j);
    Next
    Print
Next i
End Sub
```

3.5 过　程

在 VB 中自定义过程主要有两种：以 Sub 保留字开始的子过程，完成一定的操作功能，子过程名无返回值；以 Function 保留字开始的函数过程，用户自定义的函数，函数名有返回值。

3.5.1 函数过程

1. 函数过程的定义

在窗体、模块或类模块的代码窗口中把插入点放在所有过程之外，直接输入函数过程，定义如下：

［Public/Private］ Function 函数名（［形参列表］）　［As　类型］
　　常数定义或局部变量
　　语句块
　　函数名=表达式
End Function

其中，Public：表示函数过程是全局的，在程序的任何模块中引用；Private：表示函数是局部的，仅在本模块的其他过程引用，缺省时表示全局的；As 类型：函数过程返回值的类型；形参列表：指明参数类型和个数。

2. 函数过程的调用

调用的形式如下：

函数过程名（［实参列表］）

其中，实参列表是传递函数过程的变量或表达式。

3.5.2 子过程的定义和调用

定义子过程的方法同函数定义，形式如下：

［Public/Private］ Sub 子过程名（［形参列表］）
　　常数定义或局部变量
　　语句块
End Sub

子过程的调用是一条独立的语句,如下形式:Call 子过程名 [(实参列表)];子过程名 [实参列表]。

以下两段代码,分别用函数和子过程求 n 的阶乘,结果如图 3-11、图 3-12 和图 3-13 所示。

函数代码如下:

```
Function jc(ByVal n As Integer)
    If (n = 1 Or n = 0) Then
        jc = 1
    Else
        jc = 1
        For i = 2 To n
            jc = jc * i
        Next i
    End If
End Function
Private Sub Command1_Click()
    Dim n As Integer, s As Integer
        n = Val(InputBox("请输入 n 的值:"))
        Print "您输入的 n 是" & n & ":" & n & "! =" & jc(n)
End Sub
Private Sub Form_Load()
    Form1.FontSize = 20
End Sub
```

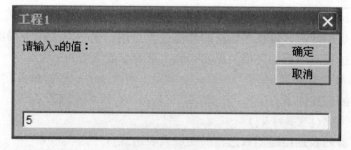

图 3-11　输入 n 项

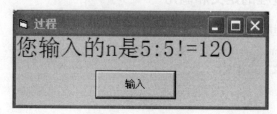

图 3-12　求阶乘结果

子过程代码如下：
```
Sub jc(ByVal n As Integer, ByRef s As Integer)
    If (n = 1 Or n = 0) Then
        s = 1
    Else
        s = 1
        For i = 2 To n
            s = s * i
        Next i
    End If
End Sub
Private Sub Command1_Click()
    Dim n As Integer, s As Integer
    n = Val(InputBox("请输入 n 的值:"))
    jc n, s
    Print "您输入的 n 是" & n & ":" & n & "! =" & s
End Sub
Private Sub Form_Load()
    Form1.FontSize = 20
End Sub
```

图 3-13　运行结果

3.5.3　传地址和传值

VB 有两种方法：传地址（ByRef）和传值（ByVal）进行参数的传递。ByVal 表示该参数按值方式传递，ByRef 表示该参数按引用方式传递。

但是需要知道的是，当参数的类型是引用类型时，传递的是一个对象的引用而不是实际的对象。VB 默认地按地址（关键字 ByRef）给函数过程（或子程序）传递信息，引用函数被调用时，函数参数要有明确的数据。因此，如果函数改变了参数值，原始的数值就被改变了。以下代码的运行结果如图 3-14 所示。

```
Sub Test(ByRef a As Integer, ByVal b As Integer)
'注意,此处 a 是按地址传递,b 是按值传递
    a = 3
    b = 4
End Sub
Private Sub Command1_Click()
Dim a As Integer
Dim b As Integer
    a = 1
    b = 2
    Call Test(a, b)
    Print Spc(3); "a=" & a & ";b=" & b
End Sub

Private Sub Form_Load()
Form1.FontSize = 16
Form1.FontBold = True
End Sub
```

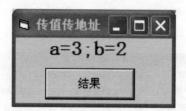

图 3-14 传值和传地址结果

第 4 章

Visual Basic 文档管理

4.1 通用对话框

VB 提供了一组基于 Windows 的标准对话框。利用通用对话框控件可以在窗体上创建打开文件、保存文件、颜色、字体、打印等对话框。

添加通用对话框控件的方法：系统菜单"工程"→"部件"命令，也可以在工具箱上右击，选择"部件"命令，也可以出现如图 4-1 所示的对话框，选择 Microsoft Common Dialog Control 6.0。通用对话框在程序运行后不可见，故在设计时可将其放置在窗体的任何地方。

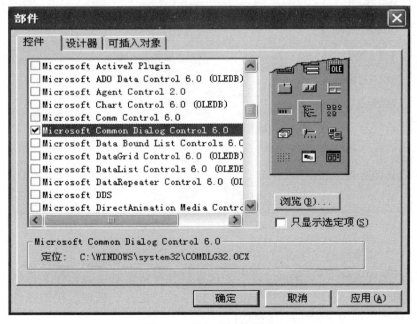

图 4-1 添加通用对话框

基于Visual Basic的多连杆机构分析与仿真

在窗体上添加通用对话框后，可以在属性窗口中单击"自定义"按钮或者用鼠标右键单击对话框控件，打开"属性"选项。通过设置不同的Action属性值或调用不同的方法可以决定对话框的类型，具体如表4-1所示。

表4-1 对话框属性和方法

对话框类型	Action 属性	Show 方法
打开文件	1	ShowOpen
保存文件	2	ShowSave
颜色设置	3	ShowColor
字体设置	4	ShowFont
打印机设置	5	ShowPrinter

4.1.1 "打开"对话框

程序运行后，将Action属性值设置为1或调用ShowOpen方法，即可弹出"打开"对话框。在"打开"对话框中，可指定要打开文件的路径、文件名和文件类型。

"打开"对话框的设计界面如图4-2所示。

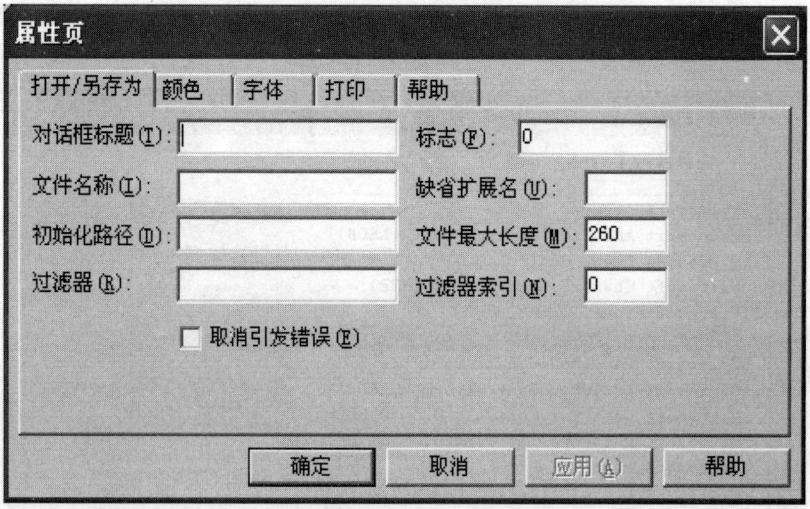

图4-2 设计"打开"对话框

1) 对话框标题（DialogTitle）：用于设置对话框的标题。

2) 文件名称（FileName）：用于设置打开对话框显示的初始文件名。若在对话框中选择了一个文件并单击"打开"或"保存"按钮，则选择的文件（包含路径）即为FileName属性的值。

第 4 章 Visual Basic 文档管理

3) 初始化路径（InitDir）：用于指定打开对话框的初始路径，若没有指定该属性，则使用当前路径。

4) 过滤器（Filter）：用于指定在对话框的文件类型列表框中要显示的文件类型，例如，选择过滤器为 *.txt，表示显示所有的文本文件。通常给每个过滤器一个描述，使用管道符号"｜"将过滤器描述和过滤器隔开。例如，下列代码用于设置一个过滤器，其允许打开文本文件（*.txt），或含有位图和 JPG 图形的文件（*.bmp；*.jpg）：

文本文件(*.txt)｜*.txt｜图形文件(*.bmp;*.jpg)｜*.bmp;*.jpg

5) 过滤器索引（FilterIndex）：当为对话框指定了一个以上的过滤器时，用于确定哪个过滤器作为默认过滤器。第一个过滤器的索引值为 1，第二个为 2，依此类推。

6) 标志（Flags）：用于确定对话框的一些特性，如是否允许同时选择多个文件等。

7) 缺省扩展名（DefaultExt）：当对话框用于保存文件时，如果文件没有指定扩展名，则使用该属性指定的默认扩展名，如：*.txt，*.doc 等。

8) 文件最大长度（MaxFile Size）：用于指定文件的最大长度，单位为字节。

9) 取消引发错误（CancelError）：用于确定运行时在对话框中单击"取消"按钮时是否出错。选择该项，相当于 CancelError 设为 True，单击"取消"按钮出错，否则，不出错。

4.1.2 "另存为"对话框

调用方法：在程序运行后，Action = 2 或调用 ShowSave 方法；与"打开"对话框基本一致；"另存为"对话框可以指定文件要保存的路径、文件名和文件类型。

如下部分代码，是用"另存为"对话框将一个文本框的内容写入一个文本文件里，运行界面如图 4-3 所示。

```
'配置对话框属性
CommonDialog1.Filter = "文本文件｜*.txt｜所有文件｜*.*"   '对话框的过滤器
CommonDialog1.FileName = "*.txt"                        '对话框的文件名
CommonDialog1.DefaultExt = "txt"                        '对话框的默认文件扩展名
CommonDialog1.Action = 1                                '调用另存为对话框
'将文本框的内容写入文本文件
OpenCommonDialog1.FileName For Output As #1
    Print #1, Text1.Text
```

基于Visual Basic的多连杆机构分析与仿真

Close #1

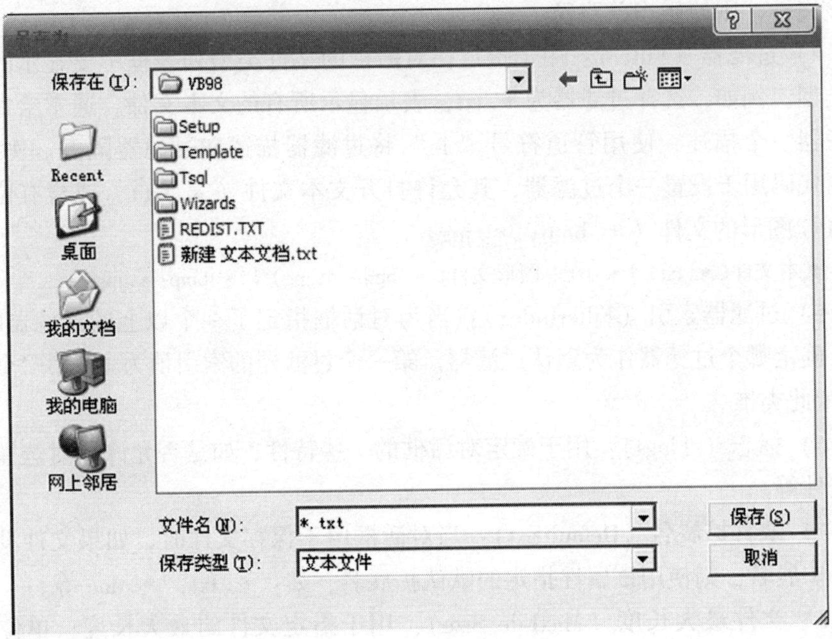

[另存为对话框图]

图4-3 "另存为"对话框

4.1.3 "颜色"对话框

调用方法:在程序运行后,Action=3 或调用 ShowColor 方法。除对话框的基本属性外,还有 color 与 flags 两个属性值,如表4-2 所示。

表4-2 属性表

常数	描述
cdlCCFullOpen	显示全部对话框,包括定义和自定义颜色部分
cdlCCShowHelpButton	使对话框显示帮助按钮
cdlCCPreventFullOpen	使定义自定义颜色命令按钮无效,以防止定义自定义颜色
cdlCCRGBInit	为对话框设置初始颜色

应用如下示例代码,可以打开"颜色"对话框,更改标签前景色,运行效果如图4-4 所示。

Private Sub Command1_Click( )

Label1. FontSize = 16

CommonDialog1. Action = 3

Label1. ForeColor = CommonDialog1. Color

End Sub

第 4 章　Visual Basic 文档管理

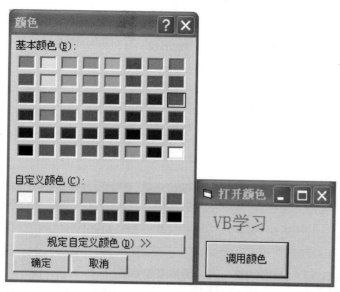

图 4-4　"颜色"对话框演示效果

4.1.4　"字体"对话框

调用方法：Action=4 或者调用 ShowFont 方法；其属性值如表 4-3 所示。

表 4-3　字体属性

属性名	描　　述
Flags	在"字体"对话框中显示删除线和下划线复选框以及颜色组合框 显示屏幕字体 显示打印机字体 显示打印机字体和屏幕字体
FontName	用户所选的字体名称
FontSize	用户所选的字号大小
FontBold	用户所选的字体是否加粗
FontItalic	用户所选的字体是否斜体
FontUnderline	用户所选的字体是否加下划线
FontStrikethru	用户所选的字体是否加删除线

如下示例代码，应用 CommonDialog1 设置文本框中 Text 字体格式，运行效果如图 4-5 和图 4-6 所示。

```
Private Sub Command1_Click( )
CommonDialog1.Flags = cdlCFBoth Or cdlCFEffects      '安装字体
CommonDialog1.Action = 4
```

'根据用户在"字体"对话框中的选择来设置文本框字体
Label1. FontName = CommonDialog1. FontName
Label1. FontBold = CommonDialog1. FontBold
Label1. FontSize = CommonDialog1. FontSize
Label1. FontItalic = CommonDialog1. FontItalic
Label1. FontStrikethru = CommonDialog1. FontStrikethru
Label1. FontUnderline = CommonDialog1. FontUnderline
Label1. ForeColor = CommonDialog1. Color
End Sub

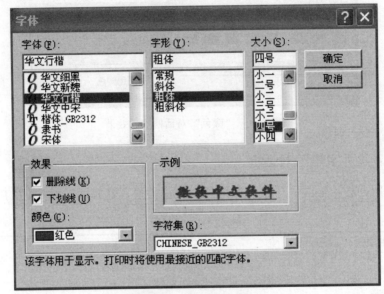

图 4-5 "字体"对话框

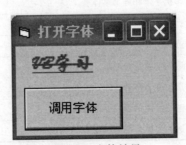

图 4-6 字体效果

4.1.5 "打印机"和"帮助"对话框

"打印机"对话框的调用方法：Action = 5 或者调用 ShowPrinter 方法；其属性值如表 4-4 所示。

"帮助"对话框的调用方法：Action = 6 或者调用 ShowHelp 方法，其属性值如表 4-5 所示。

表 4-4 "打印机"对话框属性

属性名	说　　明
Copies	指定打印份数
FromPage	指定打印起始页号
ToPage	指定打印终止页号

表 4-5 帮助属性

属性名	说　　明
HelpCommand	用于返回设置所需在线帮助类型
HelpFile	用于指定 Help 的路径及文件名
HelpKey	用于指定要显示的帮助内容的关键字

4.1.6 自定义对话框

所谓自定义对话框就是用户自己设计的一个窗口，窗口上放置一些用于设置交互信息的控件。一般自定义对话框的属性设置如表 4-6 所示。自定义对话框一般情况下都设有"确定"和"取消"按钮，其他控件可根据需要而定。

表 4-6 自定义对话框属性

属性名	属性值	描　　述
BorderStyle	1	防止对话框在运行时改变大小
ControlBox	False	取消控制菜单
MaxButton	False	取消最大化按钮
MinButton	False	取消最小化按钮

一般情况下，自定义对话框调用 Show 方法即可，但由于调用 Show 方法时参数不同，因而调用后的自定义对话框的状态有所不同。

1）将自定义窗体作为模式对话框显示，模式对话框必须先关闭对话框，才能继续操作其他窗体，如"字体"对话框。

调用格式：自定义对话框窗体名 .Show vbModal；自定义对话框窗体名 .Show 1。

2）将自定义对话框作为无模式对话框显示，无模式对话框允许不关闭对话框，在对话框和其他窗体间移动焦点，例如"查找"对话框。

调用格式：自定义对话框窗体 .Show vbModaless；自定义对话框窗体 .Show 0。

基于Visual Basic的多连杆机构分析与仿真

4.2 文件操作控件

1. DriveListBox

驱动器列表框用来显示当前系统所安装的驱动器，驱动器列表框是一个下拉式列表框，平时只显示一个驱动器（默认情况下，显示的是当前驱动器的名称）。

驱动器列表框最重要的属性是Drive，该属性用来在运行时设置或返回所选择的驱动器，例如，Drive1.Drive="C"，则程序启动后驱动器框中显示的是指定的驱动器C。改变驱动器列表框的Drive属性的设置值会触发其Change事件。

2. DirListBox

目录列表框用于显示当前驱动器上的目录结构。它以根目录开头，显示的目录按照子目录的层次依次缩进，双击某一目录，可打开该目录，即显示该目录中的所有子目录。

目录列表框最重要的属性是Path，该属性用来在运行时设置或返回所选择的路径，同样，改变目录列表框Path属性的设置值会触发其Change事件。

3. FileListBox

在运行时，在Path属性指定的目录中，FileListBox控件将文件定位并列举出来。该控件用来显示所选文件类型的文件列表。例如，可以在应用程序中创建对话框，通过它选择一个文件或者一组文件。

需要用代码实现三个控件的相互联系：将磁盘列表框的操作赋值给文件夹列表框的Path属性，在磁盘列表框的Change事件中输入如下代码；对文件夹列表框控件进行的操作，直接影响文件列表框中显示的内容。具体代码如下，运行效果如图4-7所示。

```
Private Sub Drive1_Change( )
    Dir1.Path = Drive1.Drive
End Sub
Private Sub Dir1_Change( )
    File1.Path = Dir1.Path
End Sub
```

第 4 章 Visual Basic 文档管理

图 4-7 文件控件组合演示

4.3 文 件 操 作

4.3.1 文件打开

由 ShowOpen 方法来实现打开文件，重要属性如下：
1) FileName：文件名称，包含路径。
2) FileTitle：文件名，不包含路径。
3) Filter：确定所显示文件的类型。例如：
Text Files|*.txt|所有文件|*.* 显示文本文件和所有文件
4) FilterIndex：文件列表中指定某类型文件。
5) InitDir：初始化路径。
以下程序段是打开文件，执行后运行界面如图 4-8 所示。

```
Private Sub cmdOpen_Click( )
    CommonDialog1.CancelError = True
    On Error GoTo f1
    CommonDialog1.Action = 1 'ShowOpen
    Text1.Text = ""
    Open CommonDialog1.FileName For Input As #1
    Do While Not EOF(1)
        Line Input #1, inputdata
        Text1.Text = Text1 + inputdata + vbCrLf
```

基于Visual Basic的多连杆机构分析与仿真

```
        Loop
        Close #1
        Exit Sub
f1:
    If Err. Number = 32755 Then
        MsgBox "按取消按钮"
    Else
        MsgBox "其他错误"
    End If
End Sub
```

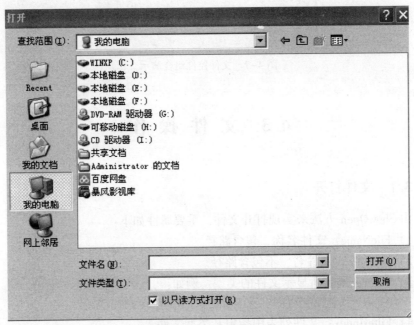

图 4-8 "打开"对话框

4.3.2 文件保存

保存文件由 ShowSave 方法来实现，与打开文件对话框的属性基本相同，特有的属性是 DefaultExt 属性，用于设置默认的扩展名。

以下程序段是保存文件，界面如图 4-9 所示。

```
Private Sub cmdSaveas_Click( )
    On Error Resume Next
    CommonDialog1. ShowSave
    Open CommonDialog1. FileName For Output As #1
    Print #1, Text1
```

第 4 章　Visual Basic 文档管理

```
    Close #1
End Sub
```

图 4-9　保存文件

4.3.3　文件打印操作

打印文件由 ShowPrinter 方法打开打印对话框，以下程序段执行后如图 4-10 所示。

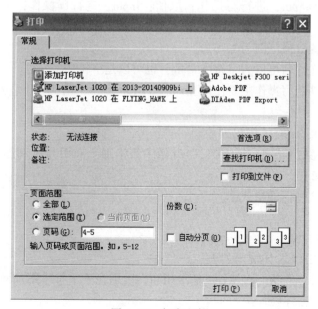

图 4-10　打印文件

```
Private Sub cmdPrint_Click( )
    On Error Resume Next
    CommonDialog1.Action = 5
    For i = 1 To CommonDialog1.Copies
    Printer.Print Text1.Text
    Next i
    Printer.EndDoc
End Sub
```

4.4 数据文件处理

部分文件是存储在外存储器中,以文件的形式组织存放,主要用到顺序文件、二进制文件和随机文件的存取。

4.4.1 顺序文件

顺序文件是要求按顺序进行访问的文件,每条记录可以不等长。顺序文件的访问规则简单,可以用记事本、Word 和 Excel 直接打开,能够保留文件原来的类型。顺序文件存取文件的格式语句如下,运行结果如图 4-11 所示。

Open 文件名 For 模式 As [#] 文件号

模式的 Output,进行写操作;取值:Input,进行读操作;Append,在末尾追加记录。

文件号的取值范围为 1~511。

注意:文件名可以为字符串常量,也可以是字符变量。

顺序文件的写操作主要使用 Write 和 Print 命令,格式如下:

1. Write 命令

Write #文件号,[输出列表]

Write 在数据项之间插入",",并给字符串加上双引号。例如:Write(1,"One", 45)

写入到文件后的格式:

"One",45

2. Print 命令

Print #文件号,[输出列表]

Print #语句的功能与 Write 基本相同,区别在于字符串不加双引号,数据之间没有","。例如:

Print #1,"One",45

第 4 章　Visual Basic 文档管理

写入到文件后的格式：

One   45

文件有打开操作，就有关闭操作，否则会造成数据丢失等现象，输出语句是将数据送到缓冲区，关闭文件时才将缓冲区中的数据写入文件。其格式如下：

Close([[#]文件号])

例如：

Close(1)　　　　　　'关闭 1 号文件

如果省略了文件号，Close 语句将关闭所有已经打开的文件。

下面的例子综合以上操作，运行结果如图 4-11 所示。

```
Private Sub Command1_Click( )
    Open "C:\Scores.dat" For Output As #1
    '打开文件 C:\Scores.dat 用于写入数据,文件号为 1
    Write #1, "2017120301", "张悦", 66        '写入数据
    Write #1, "2017120308", "安平", 88
    Write #1, "2017120310", "王芳", 77
    Print #1, "2017120333", "李浩", 94
    Print #1, "2017120335", "周泉", 87
    Close #1
End Sub
Private Sub Command2_Click( )
    i = Shell("notepad.exe  c:\score.txt", vbNormalFocus)
End Sub
Private Sub Command3_Click( )
    Dim No, Name As String, Score As Integer
    '定义三个变量,用于存放读出的数据
    Dim Count, Sum As Integer, Average As Single
    '分别用于统计人数、总成绩和平均成绩
    Open "C:\Scores.dat" For Input As #1
    '打开文件 C:\Scores.dat,用于读出数据,文件号为 1
    Do While Not EOF(1)
    '判断 1 号文件是否结束,若不结束则继续
        Input #1, No, Name, Score
        '从 1 号文件中读出一个同学的数据(一行数据)
        Count = Count + 1              '统计人数
        Sum = Sum + Score              '累加成绩
    Loop
    Average = Sum / Count              '计算平均成绩
```

```
        Print Average                  '在窗体上输出平均成绩
        Close #1                       '关闭文件
End Sub
Private Sub Command4_Click()
    Open "C:\Scores.dat" For Input As #1
    '打开文件 C:\Scores.dat,用于读出数据,文件号为 1
    Do While Not EOF(1)
    '判断 1 号文件是否结束,若不结束则继续
        Line Input #1, LineData        '从 1 号文件中读出一行
        Print LineData                 '在窗体上输出一行
    Loop
    Close #1                           '关闭文件
End Sub
```

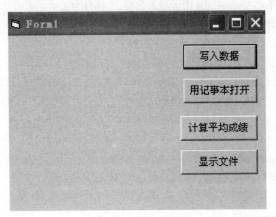

图 4-11 文件操作

4.4.2 二进制文件

打开二进制文件的语法格式如下：

Open filename For Binary As [#] filenumber

1) 参数 filename 和 filenumber 分别表示文件名或文件号。
2) 关键字 Binary 表示打开的是二进制文件。
3) 对于二进制文件，不能指定字节长度。

二进制文件使用 Put 语句进行写操作，使用 Get 语句进行读操作，格式如下：

Put 文件号, [位置], 变量名
Get 文件号, [位置], 变量名

4.4.3 随机文件

随机文件的访问与顺序文件的访问一样,随机文件的打开与关闭也是分别使用 Open 语句和 Close 语句来完成的,并且 Close 语句的使用与关闭顺序文件完全相同。

使用 Open 语句打开随机文件的一般格式如下:

Open <文件名> For Random As [#]<文件号> [Len=<记录长度>]

其中 For Random 表示打开随机文件,Len 用来指定记录的长度,记录长度的默认值为 128 字节。

在随机文件打开后,可以使用 Put 语句向其中写入记录。Put 语句的形式如下:

Put <#文件号>| <,记录号>], <变量>

Put 语句将记录变量的内容写入到所打开文件中指定的记录位置处。其中记录号是大于 1 的整数,表示写入的是第几条记录。如果省略记录号,则在当前记录后插入新的记录。

例如,定义一个名为 Student 的类型,其中包括学号、姓名、性别以及年龄等信息。

```
Type Student
    Sno As Integer
    Sname As String * 10
    Ssex As String * 1
    Sage As integer
End Type
```

在定义了 Student 类型后,就可以将变量声明为 Student 类型,例如:

```
Dim stu As Student
```

该语句将变量 Stu 声明为 Student 类型。它包括 4 个成员,在程序中可以用"变量元素"的形式来引用各成员,例如:

Stu.Sno=1   '给元素 Sno 赋值
Stu.Sname = "张三"   '给元素 Sname 赋值

显然,使用变量 Stu 就可以为随机文件添加包含多项内容的记录。

例如:

```
Open E:\Student.dat For Random As #1 Len=Len(Stu)
    put #1,1,stu 将变量 stu 中的内容写入到记录 1 中
    Close #1
```

第 5 章

Visual Basic 图形操作

VB 提供了丰富的图形功能，不仅可以通过图形控件进行图形和绘图的操作，还可以通过图形方法在窗体或图形框上输出文字和图形等。

5.1 Line 方法

Line 方法是在对象上画直线和矩形。语法如下：
［Object.］Line ［Step］（x1, 1）［Step］（x2, y2），［color］，［B］［F］
其中：Object 可选，可以是窗体或图形框，缺省时为当前窗体。
Step 可选，关键字，指定起点坐标，相对于由 CurrentX 和 CurrentY 属性提供的当前图形位置。
（x1, y1）可选，Single（单精度浮点数），直线或矩形的起点坐标。ScaleMode 属性决定了使用的度量单位。如果省略，线起始于由 CurrentX 和 CurrentY 指示的位置。
（x2, y2）必需，Single（单精度浮点数），直线或矩形的终点坐标。
color 可选，Long（长整型数），画线时用的 RGB 颜色。如果它被省略，则使用 ForeColor 属性值。可用 RGB 函数或 QBColor 函数指定颜色。
B 可选，如果包括，则利用对角坐标画出矩形。
F 可选，如果使用了 B 选项，则 F 选项规定矩形以矩形边框的颜色填充。不能不用 B 而用 F。如果不用 F 仅用 B，则矩形用当前的 FillColor 和 FillStyle 填充。FillStyle 的默认值为 Transparent。
如下程序段设置了窗体的 DrawWidth 属性为 5，画一个三角形，结果如图 5-1 所示。

```
Private Sub Command1_Click( )
    Line（500, 400）-（1200, 1200），vbRed
    Line（1200, 1200）-（500, 2000），vbBlue
```

Line (500, 2000)-(500, 400), vbGreen
End Sub

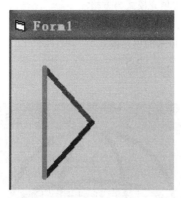

图 5-1　Line 方法

5.2　Circle 方法

Circle 方法可以画圆（空心或实心）、椭圆（空心或实心）、弧线、扇形，语法如下：

［对象．］Circle ［Step］(x,y)］,半径［,颜色］［,起始角］［,终止角］［长短轴比率］

其中：对象可以是窗体或图片框控件，缺省时为当前窗体。

Step：该参数是可选的，如果使用该参数，则表示圆心坐标（x，y）是相对当前点（CurrentX，CurrentY）的，而不是相对坐标原点的。

(x，y)：用于指定圆的圆心，也是可选的，如果省略则圆心为当前点（CurrentX，CurrentY）。

半径：用于指定圆的半径，对于椭圆来讲，该值是椭圆的长轴长度。

颜色：指定所绘制图形的颜色。

起始角、终止角：用来指定圆弧或扇形的起始角度与终止角度，单位为弧度。取值范围为 $0 \sim 2\pi$ 时，绘制的是圆弧；给起始角与终止角取值前添加一个负号，则绘制的是扇形，负号表示绘制圆心到圆弧的径向线。省略这两个参数，则绘制的是圆或椭圆。

以下代码段绘制一个球体，如图 5-2 所示。

```
Private Sub Command1_Click()
    Const Pi = 3.14159265
    ox = Width / 4: oy = Height / 3
    If Width > Height Then r = Height / 3 Else r = Width / 3
```

基于Visual Basic的多连杆机构分析与仿真

```
    Cls
    Circle (ox, oy), r
    FillStyle = 6   '设置填充模式为方格
    Circle (ox, oy), r, , , , 0.4 'fillstyle
    FillStyle = 1 '恢复原来的填充模式
    Circle (ox, oy), r, , , , 2.5
End Sub
```

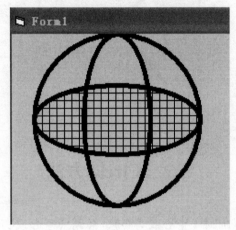

图 5-2　Circle 方法

5.3　PSet 方法

PSet 方法用于在窗体、图形框和打印机的指定位置上画点，语法如下：
[对象.]PSet　[Step](x, y),[color]
其中，对象是可选的，如缺省，则指当前窗体。

Step 是可选的，关键字，指定相对于由 CurrentX 和 CurrentY 属性提供的当前图形位置的坐标。

(x, y) 是必需的，Single（单精度浮点数），被设置点的水平（x 轴）和垂直（y 轴）坐标。

color 是可选的，Long（长整型数），为该点指定的 RGB 颜色。如果它被省略，则使用当前的 ForeColor 属性值。可用 RGB 函数或 QBColor 函数指定颜色。

以下程序段是绘制满天星，如图 5-3 所示。
```
Private Sub Command1_Click( )
For i = 1 To 1000
```

第 5 章 Visual Basic 图形操作

```
    Randomize
    n = Int(Rnd * 60 + 10)
    x = Rnd * Form1.Width
    y = Rnd * Form1.Height
    r = Int(Rnd * 256)
    g = Int(Rnd * 256)
    b = Int(Rnd * 256)
    Form1.DrawWidth = n
    Form1.PSet (x, y), RGB(r, g, b)
Next i
End Sub
```

图 5-3　PSet 方法

5.4　Point 方法

Point 方法用于返回窗体或图形框上指定点的 RGB 颜色，语法如下：
[对象.].Point(x, y)
其中，x, y 均为单精度值。默认是在当前窗体上绘制。

5.5　Scale 方法

Scale 方法用以定义 Form、PictureBox 或 Printer 的坐标系统。不支持命名参数。语法如下：
[对象.]Scale (x1, y1) - (x2, y2)
其中，对象是可选的，可以是窗体、图形框和打印机，默认是当前窗体。

x1，y1 是可选的，均为单精度值，指示定义对象左上角的水平（x-轴）和垂直（y-轴）坐标。这些值必须用括号括起。如果省略，则第二组坐标也必须省略。

x2，y2 是可选的，均为单精度值，指示定义对象右下角的水平坐标和垂直坐标。这些值必须用括号括起。如果省略，则第一组坐标也必须省略。

如下程序段在当前窗体画出坐标轴，如图 5-4 所示。

```
Private Sub Form_Click( )
Scale (-300, 200)-(300, -200)
Line (-300, 0)-(300, 0) '画 x 轴
Line (0, 200)-(0, -200) '画 y 轴
    CurrentX = 290
    CurrentY = -5
Print "x" '标示 x 轴
    CurrentX = 5
    CurrentY = 200
Print "y" '标示 y 轴
    CurrentX = 5
    CurrentY = -5
Print "0" '标示原点
End Sub
```

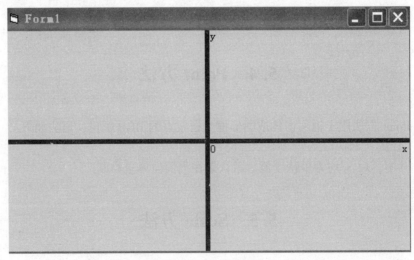

图 5-4　Scale 方法

第6章

Visual Basic 与 Excel 数据库

Excel 是非常流行且很实用的电子表格软件，Excel 具有很好的处理数据能力，并具有报表输出等功能。本章主要介绍 VB 如何从 Excel 中获得数据，再将处理后的数据保存到 Excel 工作表中，并调用 Excel 中的 VBA 指令排版，生成数据报表。

6.1 Excel 打开与关闭

6.1.1 VB 读写 Excel 表

VB 本身提供的自动化功能可以读写 Excel 表，其主要方法如下：

1. 在工程中引用 Microsoft Excel 类型库

从"工程"菜单中选择"引用"命令，选择 Microsoft Excel 14.0 Object Library（Excel 2010），然后单击"确定"按钮，表示在工程中要引用 Excel 类型库，如图 6-1 所示。

2. 在通用对象的声明过程中定义 Excel 对象

Dim xlApp AsExcel. Application

Dim xlBook AsExcel. WorkBook

Dim xlSheet AsExcel. Worksheet

3. 在程序中操作 Excel 表的常用命令

Set xlApp = CreateObject("Excel. Application") '创建 Excel 对象

Set xlBook = xlApp. Workbooks. Open("文件名") '打开已经存在的 Excel 工作簿文件

xlApp. Visible = True '设置 Excel 对象可见（或不可见）

Set xlSheet = xlBook. Worksheets("表名") '设置活动工作表

xlApp. Cells(row, col) = 值 '给单元格(row,col)赋值

xlApp. Cells(i, 1). Interior. ColorIndex = i   '设计单元格颜色 i=1~56

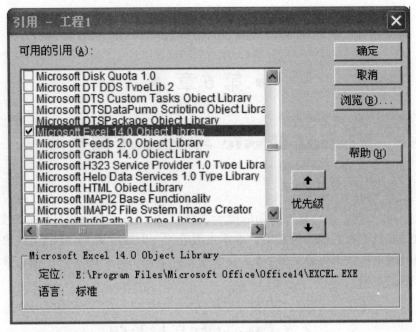

图 6-1 引用 Excel 类型库

xlSheet. PrintOut   '打印工作表

xlBook. Close（True）   '关闭工作簿

xlApp. Quit   '结束 Excel 对象

Set xlApp = Nothing   '释放 xlApp 对象

xlBook. RunAutoMacros（xlAutoOpen）   '运行 Excel 启动宏

xlBook. RunAutoMacros（xlAutoClose）   '运行 Excel 关闭宏

用代码获取颜色列表：

Sub yansecode( )

For i = 1 To 56

  XlApp. Cells(i, 1) = i

  xlapp. Cells(i, 1). Interior. ColorIndex = i

Next

End Sub

  在运用以上 VB 命令操作 Excel 表时，除非设置 Excel 对象不可见，否则 VB 程序可以继续执行其他操作，也能够关闭 Excel，同时可以对 Excel 进行操作。但在 Excel 操作过程中关闭 Excel 对象时，VB 程序无法知道，如果此时使用 Excel 对象，则 VB 程序会产生自动化错误，形成 VB 程序无法完全控制 Excel 的状况，使得 VB 与 Excel 脱节。

6.1.2　Excel 对象声明

编程过程中主要用到以下 4 个层次的对象。

1）Application 对象，即 Excel 程序本身。

2）WorkBook 对象，即 Excel 的工作簿文件对象。

3）WorkSheets 对象，表示 Excel 的工作表对象集。例如，worksheets（1）表示第一个工作表。

4）Cells、Range、Rows、Columns 对象，分别表示 Excel 工作表中的单元格对象集、区域对象、行对象集、列对象集。例如：

Cells（2，3）表示第 2 行第 3 列的单元格；

Range（"C5"）表示第 3 行第 2 列的单元格；

Range（"A1：C4"）表示从 A1 单元格到 C4 单元格的矩形区域；

Rows（1）表示第 1 行；

Range（"1：1"）表示第 1 行；

Range（"1：20"）表示第 1 到 20 行的区域；

Columns（5）表示第 5 列；

Range（"A：A"）表示第 1 列；

Range（"A：E"）表示第 A 到 E 列。

6.1.3　打开和关闭 Excel

使用以下程序代码，在窗体上添加 2 个命令按钮（Command1 和 Command2），2 个按钮的 Caption 分别为"启动 Excel"和"关闭 Excel"。

```
Dim xls As New Excel.Application      '声明一个 Excel 应用程序对象
Dim xbook As New Excel.Workbook       '声明一个 Excel 工作簿对象
Dim xsheet As New Excel.Worksheet     '声明一个 Excel 工作表对象
Private Sub Command1_Click()
    Set xbook = xls.Workbooks.Add     '启动 Excel,并将自动创建的工作簿赋给 xbook
    Set xsheet = xbook.Worksheets(1)  '将第一个工作表赋给 xsheet
    xls.Visible = True                '显示 Excel 窗口,程序调试阶段显示该窗口非常重要
End Sub
Private Sub Command2_Click()
    xls.Quit
    Set xls = Nothing                 '释放对象变量
    Set xbook = Nothing
    Set xsheet = Nothing
End Sub
```

6.2 Excel 的宏功能

Excel 提供一个 Visual Basic 编辑器。打开 Visual Basic 编辑器，其中有一工程属性窗口，单击右键菜单的"插入模块"命令，则增加一个"模块 1"，在此模块中可以运用 Visual Basic 语言编写函数和过程，称之为宏。其中，Excel 有两个自动宏：一个是启动宏（Sub Auto_ Open ( )），另一个是关闭宏（Sub Auto_ Close ( )）。当用 Excel 打开含有启动宏的工作簿时，就会自动运行启动宏，同理，当关闭含有关闭宏的工作簿时就会自动运行关闭宏。但是通过 VB 的自动化功能来调用 Excel 工作表时，启动宏和关闭宏不会自动运行，需要在 VB 中通过命令 xlBook. RunAutoMacros（xlAutoOpen）和 xlBook. RunAutoMacros（xlAutoClose）来运行启动宏和关闭宏。

充分利用 Excel 的启动宏和关闭宏，可以实现 VB 与 Excel 的数据相互交互，在 Excel 的启动宏中加入一段程序，其功能是在磁盘中写入一个标志文件，同时在关闭宏中加入一段删除此标志文件的程序。

VB 程序在执行时通过判断此标志文件存在与否来判断 Excel 是否打开。如果此标志文件存在，表明 Excel 对象正在运行，应该禁止其他程序的运行。如果此标志文件不存在，表明 Excel 对象已被用户关闭，此时如果要使 Excel 对象运行，必须重新创建 Excel 对象。

例如在 VB 中，建立一个 Form，在其上放置两个命令按钮，将 Command1 的 Caption 属性改为 Excel，Command2 的 Caption 属性改为 End。然后在其中输入如下程序：

```
Dim xlApp AsExcel. Application      '定义 Excel 类
Dim xlBook AsExcel. Workbook        '定义工作簿类
Dim xlSheet AsExcel. Worksheet      '定义工作表类
Private Sub Command1_Click( )       '打开 Excel 过程
If Dir("D:\temp\Excel. bz") = "" Then   '判断 Excel 是否打开
    Set xlApp = CreateObject("Excel. Application")   '创建 Excel 应用类
    xlApp. Visible = True           '设置 Excel 可见
    Set xlBook = xlApp. Workbooks. Open("D:\temp\bb. xls")   '打开 Excel 工作簿
    Set xlSheet = xlBook. Worksheets(1)    '打开 Excel 工作表
    xlApp. Activate                 '激活工作表
    xlApp. Cells(1, 1) = "abc"      '给单元格 1 行 1 列赋值
    xlBook. RunAutoMacros (xlAutoOpen)    '运行 Excel 中的启动宏
Else
    MsgBox ("EXCEL 已打开")
```

第 6 章　Visual Basic 与 Excel 数据库

```
        End If
    End Sub
    Private Sub Command2_Click( )
        If Dir("D:\temp\Excel.bz") <> "" Then    '由 VB 关闭 EXCEL
            xlBook.RunAutoMacros (xlAutoClose)    '执行 EXCEL 关闭宏
            xlBook.Close (True)    '关闭 EXCEL 工作簿
            xlApp.Quit    '关闭 EXCEL
        End If
        Set xlApp = Nothing    '释放 EXCEL 对象
        End
    End Sub
```

在 D 盘根目录上建立一个名为 Temp 的子目录，在 Temp 目录下建立一个名为" bb.xls" 的 Excel 文件。

在" bb.xls" 中打开 Visual Basic 编辑器，在工程窗口中单击鼠标右键选择插入模块，在模块中输入如下程序并存盘：

```
Sub auto_open( )
    Open "d:\temp\Excel.bz" For Output As #1    '写标志文件
    Close #1
End Sub
Sub auto_close( )
    Kill "d:\temp\Excel.bz"    '删除标志文件
End Sub
```

运行 VB 程序，单击 Excel 按钮可以打开 Excel 软件。打开 Excel 系统后，VB 程序和 Excel 分别属于两个不同的应用系统，可同时进行操作，由于系统加了判断，因此在 VB 程序中重复单击 Excel 按钮时会提示 Excel 已打开。如果在 Excel 中关闭 Excel 后再单击 Excel 按钮，则会重新打开 Excel。无论 Excel 打开与否，通过 VB 程序均可关闭 Excel。这样就实现了 VB 与 Excel 的无缝连接。

6.3　VB 生成 Excel 报表

作为一种简捷、系统的 Windows 应用程序开发工具，Visual Basic 具有强大的数据处理功能，提供了多种数据访问方法，可以方便地存取 Microsoft SQL Server、Oracle、XBase 等多种数据库，广泛应用于建立各种信息管理系统。但是，VB 缺乏足够的、符合中文习惯的数据表格输出功能，虽然使用 Crystal Report 控件及 Crystal Reports 程序可以输出报表，但操作起来很麻烦，中文处理能力也不理想。作为 Micorsoft 公司的表格处理软件，Excel 在表格方面有着强大的功能。

首先建立一个窗体（Form1），在窗体中加入一个 Data 控件和一个按钮，引用 Microsoft Excel 类型库；然后在 Form 的 Load 事件中加入代码，示例如下：

```
Private Sub Form_Load()    '本文以 Test.mdb 为例
    Data1.DatabaseName = "C:\Program Files\Microsoft Visual Studio\VB98\Test.mdb"
    Data1.RecordSource = "Customers"
    Data1.Refresh
End Sub
Private Sub Command1_Click()
    Dim Irow, Icol As Integer
    Dim Irowcount, Icolcount As Integer
    Dim Fieldlen()  '存字段长度值
    Dim xlApp As Excel.Application
    Dim xlBook As Excel.Workbook
    Dim xlSheet As Excel.Worksheet
    Set xlApp = CreateObject("Excel.Application")
    Set xlBook = xlApp.Workbooks.Add
    Set xlSheet = xlBook.Worksheets(1)
With Data1.Recordset
    .MoveLast
If .RecordCount < 1 Then
    MsgBox("Error 没有记录!")
Exit Sub
End If
    Irowcount = .RecordCount  '记录总数
    Icolcount = .Fields.Count  '字段总数
    ReDim Fieldlen(Icolcount)
.MoveFirst
    For Irow = 1 To Irowcount + 1
        For Icol = 1 To Icolcount
            Select Case Irow
            Case 1         '在 Excel 中的第一行加标题
                xlSheet.Cells(Irow, Icol).Value = .Fields(Icol - 1).Name
            Case 2         '将数组 FIELDLEN() 存为第一条记录的字段长
                If IsNull(.Fields(Icol - 1)) = True Then
                    Fieldlen(Icol) = LenB(.Fields(Icol - 1).Name)
```

```
                    '如果字段值为 NULL,则将数组 Filelen(Icol)的值设为标题名的宽度
                Else
                    Fieldlen(Icol) = LenB(.Fields(Icol - 1))
                End If
            xlSheet.Columns(Icol).ColumnWidth = Fieldlen(Icol)  'Excel 列宽等于字段长
            xlSheet.Cells(Irow, Icol).Value = .Fields(Icol - 1)  '向 Excel 的 Cells 中写入字段值
            Case Else
                Fieldlen1 = LenB(.Fields(Icol - 1))
                If Fieldlen(Icol) < Fieldlen1 Then
                    xlSheet.Columns(Icol).ColumnWidth = Fieldlen1  '表格列宽等于较长字段长
                    Fieldlen(Icol) = Fieldlen1       '数组 Fieldlen(Icol)中存放最大字段长度值
                Else
                    xlSheet.Columns(Icol).ColumnWidth = Fieldlen(Icol)
                End If
                    xlSheet.Cells(Irow, Icol).Value = .Fields(Icol - 1)
            End Select
        Next
            If Irow <> 1 Then
                If Not .EOF Then .MoveNext
            End If
        Next
        With xlSheet
          .Range(.Cells(1, 1), .Cells(1, Icol - 1)).Font.Name = "黑体"
          '设标题为黑体字
          .Range(.Cells(1, 1), .Cells(1, Icol - 1)).Font.Bold = True
          '标题字体加粗
          .Range(.Cells(1, 1), .Cells(Irow, Icol - 1)).Borders.LineStyle = xlContinuous
          '设表格边框样式
        End With
        xlApp.Visible = True'显示表格
        xlBook.Save '保存
        Set xlApp = Nothing'交还控制权给 Excel
    End With
End Sub
```

6.4 VB 操作 Excel 语句

在 VB 中灵活应用 Excel,可以发挥应用程序开发的实用性和可操作性。

下面对常用功能进行介绍。

1）显示当前窗口：

ExcelID.Visible：=True

2）更改 Excel 标题栏：

ExcelID.Caption：='应用程序调用 MicrosoftExcel'

3）添加新工作簿：

ExcelID.WorkBooks.Add

4）打开已存在的工作簿：

ExcelID.WorkBooks.Open（'C：\Excel\Demo.xls'）

5）设置第 2 个工作表为活动工作表：

ExcelID.WorkSheets[2].Activate

或　ExcelID.WorkSheets['Sheet2'].Activate

6）给单元格赋值：

ExcelID.Cells[1,4].Value：='第一行第四列'

7）设置指定列的宽度（单位：字符个数），以第一列为例：

ExcelID.ActiveSheet.Columns[1].ColumnsWidth：=5

8）设置指定行的高度（单位：磅）（1 磅=0.035 厘米），以第二行为例：

ExcelID.ActiveSheet.Rows[2].RowHeight：=1/0.035；//1 厘米

9）在第 8 行之前插入分页符：

ExcelID.WorkSheets[1].Rows[8].PageBreak：=1

参考代码：ActiveSheet.HPageBreaks(1).Location=Range("A22")

10）在第 8 列之前删除分页符：

ExcelID.ActiveSheet.Columns[4].PageBreak：=0

11）指定边框线宽度：

ExcelID.ActiveSheet.Range['B3：D4'].Borders[2].Weight：=3

12）清除第一行第四列单元格的公式：

ExcelID.ActiveSheet.Cells[1,4].ClearContents

13）设置第一行字体属性：

ExcelID.ActiveSheet.Rows[1].Font.Name：='隶书'

ExcelID.ActiveSheet.Rows[1].Font.Color：=clBlue

ExcelID.ActiveSheet.Rows[1].Font.Bold：=True

ExcelID.ActiveSheet.Rows[1].Font.UnderLine：=True

14）进行页面设置：

页眉：ExcelID.ActiveSheet.PageSetup.CenterHeader：='报表演示'

页脚：ExcelID.ActiveSheet.PageSetup.CenterFooter：='第 &P 页'

页眉到顶端边距 2cm：ExcelID.ActiveSheet.PageSetup.HeaderMargin：=2/0.035

页脚到底端边距 3cm：ExcelID.ActiveSheet.PageSetup.HeaderMargin：=3/0.035

第6章　Visual Basic 与 Excel 数据库

顶边距 2cm：ExcelID. ActiveSheet. PageSetup. TopMargin：= 2/0. 035
底边距 2cm：ExcelID. ActiveSheet. PageSetup. BottomMargin：= 2/0. 035
左边距 2cm：ExcelID. ActiveSheet. PageSetup. LeftMargin：= 2/0. 035
右边距 2cm：ExcelID. ActiveSheet. PageSetup. RightMargin：= 2/0. 035
页面水平居中：ExcelID. ActiveSheet. PageSetup. CenterHorizontally：= 2/0. 035
页面垂直居中：ExcelID. ActiveSheet. PageSetup. CenterVertically：= 2/0. 035
打印单元格网线：ExcelID. ActiveSheet. PageSetup. PrintGridLines：= True

15）拷贝操作：

拷贝整个工作表：ExcelID. ActiveSheet. Used. Range. Copy
拷贝指定区域：ExcelID. ActiveSheet. Range['A1:E2']. Copy
从 A1 位置开始粘贴：ExcelID. ActiveSheet. Range. ['A1']. PasteSpecial
从文件尾部开始粘贴：ExcelID. ActiveSheet. Range. PasteSpecial

16）插入一行或一列：

ExcelID. ActiveSheet. Rows[2]. insert
ExcelID. ActiveSheet. Columns[1]. insert

17）删除一行或一列：

ExcelID. ActiveSheet. Rows[2]. delete
ExcelID. ActiveSheet. Columns[1]. delete

18）打印预览工作表：

ExcelID. ActiveSheet. PrintPreview

19）打印输出工作表：

ExcelID. ActiveSheet. PrintOut

20）工作表保存：

If notExcelID. ActiveWorkBook. Saved then
　　ExcelID. ActiveSheet. PrintPreview
Endif

21）工作表另存为：

ExcelID. SaveAs('C:\Excel\Demo1. xls')

22）放弃存盘：

ExcelID. ActiveWorkBook. Saved：= True；

23）关闭工作簿：

ExcelID. WorkBooks. Close

24）退出 Excel：

ExcelID. Quit

25）设置工作表密码：

ExcelID. ActiveSheet. Protect" 123 " , DrawingObjects：= True, Contents：= True, Scenarios：= True

26）Excel 的显示方式为最大化：

81

ExcelID. Application. WindowState=xlMaximized

27）工作簿显示方式为最大化：

ExcelID. ActiveWindow. WindowState=xlMaximized

28）设置打开默认工作簿的数量：

ExcelID. SheetsInNewWorkbook=3

29）关闭时是否提示保存（true 保存；false 不保存）：

ExcelID. DisplayAlerts=False

30）设置拆分窗口及固定行位置：

ExcelID. ActiveWindow. SplitRow=1

ExcelID. ActiveWindow. FreezePanes=True

31）设置打印时固定打印内容：

ExcelID. ActiveSheet. PageSetup. PrintTitleRows="$1:$1"

32）设置打印标题：

ExcelID. ActiveSheet. PageSetup. PrintTitleColumns=""

33）设置显示方式（分页方式显示）：

ExcelID. ActiveWindow. View=xlPageBreakPreview

34）设置显示比例：

ExcelID. ActiveWindow. Zoom=100

35）让 Excel 响应 DDE 请求：

Ex. Application. IgnoreRemoteRequests=False

在 VB 中操作 Excel 时，还有其他一些语句，在此不再赘述，可以参看 MSDN 等相关资料。用户根据这些丰富的语句或函数，可以创造出个性化的数据表或报表等。

第 7 章

压力机发展概述

冲压生产中，提高生产率而不必增加投资或劳动力是我们的目标，一个简单的方法就是提高压机速度。然而，由于要冲压成形的工件受材料机械性能等条件的限制，欲提高成形速度是很难甚至是不可能的。单连杆的大吨位压力机的冲压速度一般都在 7~10 次/分。使用多连杆驱动技术的机械压力机，不用改变压机的工作行程速度，即可达到提高生产率、延长模具寿命并降低噪声的目的。因而，近年来在汽车生产领域内冲压生产中，多连杆压力机的使用日趋广泛。

7.1 连杆式压力机的结构和控制系统

压力机种类繁多，不同分类方法对应压力机不同的类型。例如，按照滑块驱动方式不同，分为机械式压力机和液压式压力机，其中液压式压力机具有加工速度和冲压力可调整、下死点及行程不固定的特性，其优点是噪声小、公称压力大，缺点就是生产效率差、产品精度不易控制，机械式压力机则具有固定的加工速度、行程、冲压力和下死点等特性，所以产品精度和生产效率高，如果要生产精度较高的产品时，机械式压力机是较好的选择；根据机身结构的不同，可以分为开式压力机和闭式压力机，其区别就是开式压力机的床身刚度不如闭式压力机的高，工作时易受振动的影响，精度不高；按照滑块个数的不同可分为单动、双动、三动压力机等；按照驱动机构种类的不同可分为曲柄式、肘杆式等；从驱动机构的复杂程度，可以分为曲柄连杆式和多连杆式压力机；从滑块连接点个数的不同，可以分为单点、双点、四点压力机；按自动化程度的高低又可以分为普通压力机和高速压力机。图 7-1、图 7-2 和图 7-3 为常见的几种机械式压力机。

机械连杆式伺服压力机的主驱动系统为：采用 AC 伺服电机作为驱动源，

图 7-1　开式压力机

图 7-2　闭式压力机

通过减速器驱动特殊螺杆，推动对称连杆，带动滑块运动，即将伺服电机的

图 7-3　高速高精密压力机

旋转运动通过螺杆机构转换为滑块的直线运动,其结构原理如图 7-4 所示。

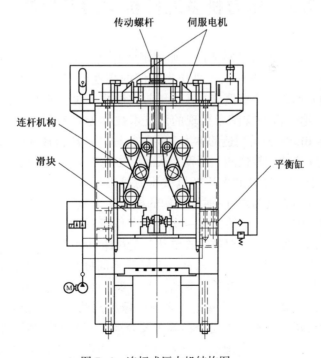

图 7-4　连杆式压力机结构图

该压力机采用计算机控制（CNC），利用数字控制技术和通过位移传感器检测滑块的运动来实现闭环反馈控制的方法，可以任意自由、高精度地控制压力机滑块的运动。图 7-5 是控制系统方框图。

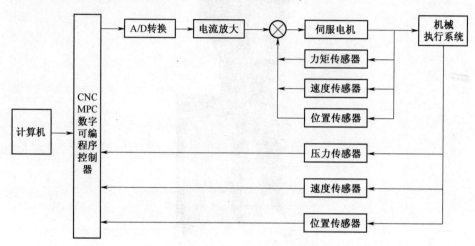

图 7-5　压力机控制系统原理图

7.2　压力机多连杆机构的发展概况

世界上著名的压力机制造商，如德国的舒勒，美国的维尔森，日本的日立、小松等，均把多连杆压力机作为他们的高性能产品向用户推荐。其实，多连杆驱动并不是一个新概念，几十年前这种技术就已进入市场。早在 20 世纪 20 年代，第一次在文献中出现的该技术被称为"专利快返压机驱动"技术。1950 年 BLISS 公司制造的称为"均匀行程"的压机被介绍为"可以提供比较慢的拉深速度、较快的上行程，从而提高生产率的压力机"，就是运用了多连杆驱动技术。最早的多连杆机械压力机出现在 20 世纪 50 年代的德国，他们生产了我们称之为六杆-肘杆机构的机械压力机，其主要代表是 SHLOM-MAN 公司于 1957 年生产的，在一次冲压工作行程中完成载重汽车大梁的落料、弯曲成形、冲孔等工序的闭式单动双点六杆 3000 吨机械压力机。到了 60 年代，世界上已出现了六杆、八杆、十杆等不同杆系、不同吨位，专用于薄板成形、拉深工艺的多连杆单、双动、单、双、四点机械压力机。

世界上的主要压力机设备生产企业，像美国的伯利斯公司、丹莱公司，德国的舒勒公司，日本的小松公司等主要企业，都开始较多地生产多连杆压力机。而国内虽然自新中国成立以来压力机的生产制造有了很大的发展，生产了大吨位的压力机装备了汽车工业、电机电器等生产领域，例如曲柄压力机可以生产4000吨级以及其他各种型号的压力机。但是在20世纪80年代以前，我国的曲柄压力机制造业仍然相当落后，主要表现在质量不高、性能不好和品种不全等方面，特别缺乏大型高效设备。80年代初期，济南第二机床厂与美国维尔森（VERSON）公司进行技术合作，从维尔森公司引进多点多连杆压力机进行生产后，国内才逐渐开展比较广泛的研究。国内各企业生产的此类设备也经过研究研制在近年来开始普遍。而国外同期已开始大量的进行计算机控制的应用。国内自80年代开始进行这方面的研究，经过"七五"和"八五"期间的研究，现已达到实际应用的地步。目前，采用多连杆机构代替一般曲柄连杆机构已成为机械压力机结构发展的重要方向之一。

在多杆传动机构的机械压力机投入生产使用之前，世界上用于生产的机械压力机均为曲柄连杆压力机，人们在长期的使用过程中，特别是在薄板深拉伸的工艺过程中，发现采用曲柄连杆机构的机械压力机滑块在拉伸过程中运行的速度、加速度较大，使拉伸成形中的零件易撕裂或起皱，拉伸件的合格率低，造成的废品较多。压力机使用的模具在上、下模合模的瞬时冲击力较大，使主机、模具的零部件损坏，从而造成主机、模具的使用寿命降低，而且曲柄连杆压力机的负荷工作区域的行程较短，不适应深拉伸工艺负荷工作区域长的要求。这些压力机主体结构上的缺陷极大地限制了深拉伸工艺的发展，生产成本居高不下，生产效率很低。

多连杆驱动的出发点是：降低工作行程速度，加快空行程速度，以达到提高生产率的目的。如果在压力机上进行任何类型的拉深或成形，采用多连杆压力机是值得推广应用的。

拉延压力机中采用多连杆机构传动，具有以下优点：

1) 与曲柄压力机相比，多连杆传动压力机的滑块以更慢的速度接触板料，降低了撕裂材料的可能性，提高了冲压零件的质量，降低了模具的冲击载荷，延长了模具寿命。

2) 与普通压力机比较，多连杆机构传动的压力机只是驱动部分的设计不一样，压力机的其他部分仍然是标准的，因此可大大降低成本；与技术参数相同的曲柄滑块机构传动的压力机相比，曲柄半径和曲柄扭矩较小，从而使压力机结构紧凑，总体尺寸减小，减轻了机器的重量，对大型压力机的制造具有重要意义。

3) 通用性好，可使滑块在下死点前的很大曲柄转角范围内承受额定压力的70%~80%。

4) 可用于高强度钢的多工位拉深成形。

5) 可提高级进模生产率。

由此可见，现代工业尤其是汽车制造业对于冲压机高效率、高工件质量的要求，多连杆压力机都能满足需要。由于多连杆机构具有以上优点，因此多连杆驱动技术在冲压机上得到了广泛的应用。

7.2.1 曲柄连杆压力机

传统的机械压力机采用曲柄连杆机构作为其驱动机构，其工作原理如图7-6所示，电机14作为动力源，其动力经过皮带轮2、齿轮13、12带动曲轴转动，再经过连杆5带动滑块6作往复直线运动，上模装在滑块上，下模装在工作台上，当坯料放在上、下模之间时便能进行冲压，制成工件，其中，制动器3和离合器11是为了控制滑块的运动和停止，以满足生产工艺的需求；同时，大皮带轮2还起飞轮的作用，能有效地储存能量，以使得电动机的负荷均匀。

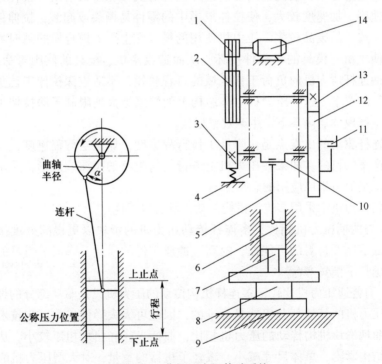

图7-6 曲杆压力机传动系统

1—小皮带轮；2—大皮带轮；3—制动器；4—机身；5—连杆；6—滑块；7—上模；
8—下模；9—垫板；10—曲轴；11—离合器；12—大齿轮；13—小齿轮；14—电动机

由于曲柄连杆机构的机构特性的限制，当曲柄匀速转动时，滑块的运动曲线为一正弦曲线，如图7-7所示，这意味着滑块在运动过程中，速度和加速度较大，这个特性极大地限制了曲柄连杆压力机在薄板深拉伸工艺中的应用,例如,易造成零件的撕裂起皱,使得合格率降低,生产效率低下;同时,在上、下合模时,冲击力和噪声都很大,这降低了模具的使用寿命。

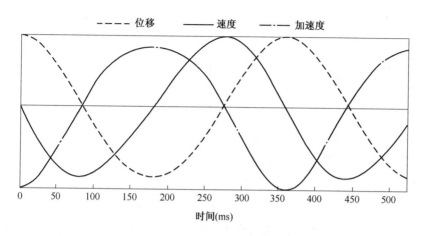

图 7-7　曲杆连杆机构的运动曲线

7.2.2　多杆压力机

如图 7-8 所示是板料在拉延压力机上进行拉延的情况。毛坯周边利用外滑块(压边滑块)压紧,拉深凹模固定在工作台上,用固定在内滑块上的凸模完成拉深过程。从工艺要求出发,内滑块与外滑块的运动应保持一定的关系,可用工作循环图来表达它们之间的运动关系,如图 7-9 所示,是在内滑块开始拉深前 10°~15°,要求外滑块压紧毛坯周边。在内滑块进行拉深过程中,外滑块应始终压紧毛坯周边。零件拉深结束,内滑块回程时,为了防止拉深零件被上模带上,外滑块应滞后于内滑块 10°~15°回程。在内滑块到达上死点时,外滑块已经过自己的上死点向下行程。拉延过程中,毛坯受凸模拉

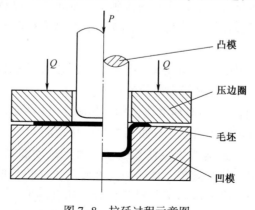

图 7-8　拉延过程示意图

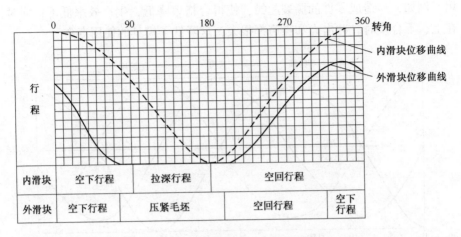

图7-9 内、外滑块的关系曲线图

延力的作用,在突缘毛坯的径向产生拉伸应力,切向产生压缩应力,在拉伸应力和压缩应力的共同作用下,坯料在凹模端面和压边圈之间的缝隙中产生塑性变形,并不断被拉进凸凹模间的间隙形成空间零件的直壁。

在拉延压力机中,要求内滑块的工作机构能够达到预定的滑块全行程,快速返回,且在拉延工艺过程中滑块应满足板料合理拉延速度的需要,以低而均匀的速度作等速运动,使板料在拉深过程中更好地成形,以提高拉延件的质量。这些是保证拉延压力机工艺质量和提高其生产率的基本条件。曲柄滑块机构是平面铰接四连杆机构的演变形式之一。当曲柄作等角速度转动时,滑块速度是按正弦规律变化的,不可能在任意行程段获得均匀速度。因此对于以滑块为从动件的曲柄滑块机构来说,由于滑块速度波动大,滑块工作压力变化也大,所以只适用于大压力短行程的场合,例如用于板料冲裁和切断等,而不能用作内滑块的传动机构。多连杆机构一般应用在滑块工作行程较长且速度平稳的场合,能很好地实现拉延工艺要求,所以目前拉延压力机主传动机构一般采用多连杆机构传动。图7-10为闭式双点多连杆压力机的外形图。

双动压力机的内滑块驱动装置,基本上采用多连杆机构。按照机构组成形式,滑块匀速位移多连杆机构可分为四类。

1)曲柄作变速运动的曲柄滑块机构,如图7-11所示。此机构由双曲柄机构和曲柄滑块机构串接而成。双曲柄机构中从动曲柄O_1A为曲柄滑块机构的主动杆,通过连杆带动滑块做往复运动。由于从动曲柄的变角速度运动,只要把双曲柄机构中的各参数选择得当,可使滑块在较长的工作行程做匀速运动,适应深拉伸、冷挤压等工艺对工作行程速度的要求。这类机构的主要缺点是:当滑块行程很大时,曲柄半径与曲轴工作扭矩很大,因而传动零件

图 7-10 闭式双点多连杆压力机的外形图

尺寸比其他类型的多连杆机构大,限制了其使用的广泛性。

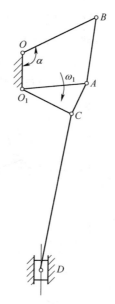

图 7-11 双曲柄六连杆机构

2)连杆曲线型六连杆机构,如图 7-12 所示。由于四连杆机构连杆上任意点的运动规律具有多样性,因而将二件组(连杆与滑块)与连杆上某点相连(一般与曲柄端连杆的外伸部分连接)。此类机构结构比较简单,运动特性和受载特性很好,由传动零件强度确定的滑块受力曲线比较高,因此通用性好，是目前应用较广泛的一种机构。

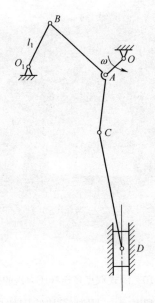

图 7-12　连杆曲线型六连杆机构

3) 具有五杆环路的多连杆机构，如图 7-13 所示。这类机构的共同特点是：用五连杆机构代替一般的曲柄滑块机构，虽然五连杆机构具有两个自由度，但是整个机构有一个自由度。合理综合机构参数，可使滑块工作行程速度低而且均匀，空行程速度提高，从而满足了压力机具有较高的每分钟行程次数和较低的工作行程速度的需要。

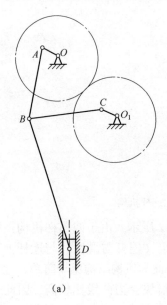 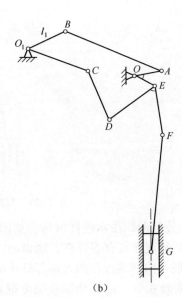

(a)　　　　　　　　　　　　(b)

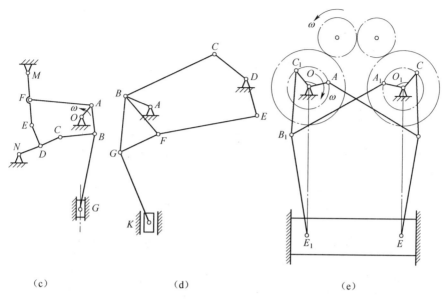

(c)　　　　　　　　(d)　　　　　　　　(e)

图 7-13　具有五杆环路的多连杆机构

4）复合型多连杆机构，如图 7-14 所示。由双曲柄与连杆曲线型六连杆机构串接组成的八连杆机构，可以满足滑块每分钟行程次数很高的情况。

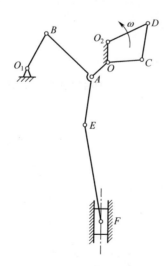

图 7-14　复合型多连杆机构

7.2.3　现有机械式压力机典型输出运动特性分析

在设计曲柄压力机的时候，滑块的运动速度应符合锻压生产工艺的要求，例如对于拉延工艺来说，滑块的速度不应大于被冲压材料塑性变形所允许的速度，以防工件破裂。同时，对工件进行锻压加工时，还要根据不同的材料以及相同材料的不同工件厚度选择不同的压力加工曲线。因而对于机械式压力机来说，在其工作行程中对滑块的速度规律具有多种不同的要求。压力机滑块的输出特性，也是设计压力机和选择压力机的重要标准。

首先应该对压力机的加工曲线有一定的了解。在这个基础上，才能掌握不同加工曲线对零件加工的影响以及它们的工艺适用范围。曲柄压力机执行机构中输出构件的运动，可以用四种有代表性的规律来说明（如图7-15和图7-16所示）。图中 α 为曲柄转角，S 为滑块相对于极限工作位置的位移，H 为滑块全行程。

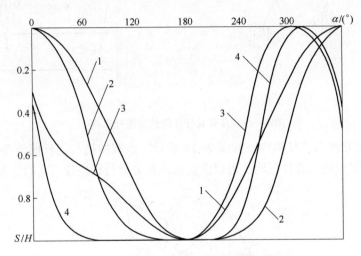

图7-15　各种压力机滑块的相对位移曲线

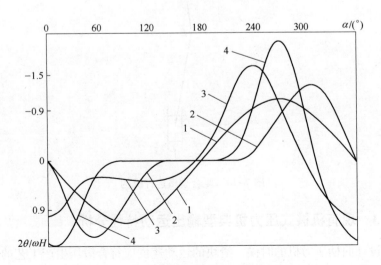

图7-16　各种压力机滑块相对速度曲线

曲线1是最常见的情况，此时，函数 $S/H(\alpha)$ 与余弦曲线相符合或相差很小。这种情况广泛应用于没有特殊运动学要求的各种压力机上，例如大多数曲柄热模锻压力机、平锻机、一般用途的板冲压力机等。

曲线2的特点是：滑块在工作行程末端的位移大大减慢，并在极限工作位置上停留一段时间。停留时间所对应的曲柄转角一般为度。冷锻用的压力机的主执行机构的滑块是按照这一规律运动的，它在工作行程末端的很小一段位移上变形力急剧增大。

曲线3的特点是：滑块在很大一段向下位移中（将近 $0.3H$）速度低，而且比较稳定，而在空回行程阶段的速度要大于上述两种情况。在光洁冲裁压力机和许多双动板冲压力机上，主要采用曲线3的运动规律。采用曲线3所示滑块运动规律的主执行机构，不提高变形速度，就可以将板冲压力机的生产率提高一倍。

曲线4所示的运动规律的特点是：滑块到达极限工作位置时，在很大一个曲柄转角范围内滞留不动。在双动板冲和热模锻压力机、平锻机、带有可分凹模的冷锻自动机上的闭合凹模以及夹紧毛坯的辅助执行机构中，广泛采用这种运动规律。

第 8 章

曲柄滑块机构运动分析实例

本章主要通过曲柄滑块压力机运动实例，介绍 VB 编程的基本方法和要领，以及相应的一些编程技术。

8.1 曲柄滑块压力机运动规律

如图 8-1 所示，压力机的执行机构为曲柄滑块机构，建立平面坐标系，其中 O 点为曲柄的旋转中心，OA 为曲柄半径，A 点与曲柄相连，B 为连杆与滑块的连接处，AB 为连杆长度。曲柄半径 OA 以恒定角速度 ω 转动，滑块作往复直线运动。θ_1 为曲柄转角，L_1 为曲柄半径，L_2 为连杆长度，e 为滑块偏距。滑块在曲柄回转中心上方时，偏距 e 为正，如图 8-1（a）所示。滑块在曲柄回转中心下方时，偏距 e 为负，如图 8-1（b）所示。

滑块水平移动距离为：
$$s = L_1 \cos\theta_1 + \sqrt{L_2^2 - (L_1 \sin\theta_1 - e)^2}$$

滑块速度过高，拉深工艺中的模块损耗较快，寿命不高。如果在曲柄前加一多连杆变速机构，可以将曲柄的匀速运动转变为非匀速，有效改善滑块的运动速度。

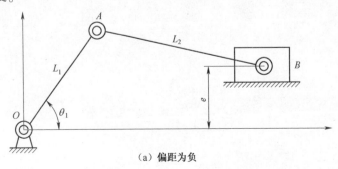

（a）偏距为负

第 8 章 曲柄滑块机构运动分析实例

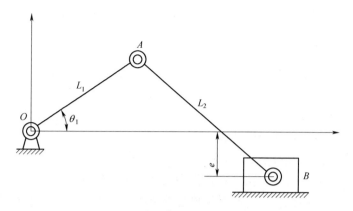

（b）偏距为正

图 8-1　曲柄滑块运动机构

8.2　机构运动总体设计

8.2.1　设计思路

经过分析，系统主要框架如图 8-2 所示。

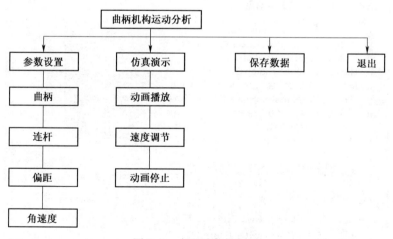

图 8-2　主要功能框架图

8.2.2　相关控件介绍

1. Slider 控件

Slider 控件与滚动条类似，但滑块控件可选择一个范围。移动滑块时引发

Scroll 事件，发生在 Click 事件之前。在控件的 Value 属性值变更之后引发 Change 事件。

Value 属性：滑块的当前值。

Min 属性：滑块的最小值；Max 属性：滑块的最大值。

SmallChange 属性：在键盘上按下左箭头键或右箭头键时，滑块移动的刻度数；LargeChange 属性：在键盘上按下 PageUp、PageDown 键或鼠标单击滑块左右侧时，滑块移动的刻度数。

TickStyle 属性：刻度出现频率。

TickFrequency 属性：决定在控件中出现多少个刻度。

SelectRange 属性：运行时是否可选择范围，为 True 时可选择范围。

SelStart 属性：选择范围的起点。

SelLength 属性：选择范围的长度。

GetNumTicks 方法：返回在界面中控件的刻度数目。

ClearSel 方法：清除 Slider 控件的当前选择。

VB6.0 工具箱的 Slider 控件需要人工添加，单击工具箱右键，单击"部件"，在"控件"选项中选择"Microsoft Windows Common Controls6.0（SP6）"，如图 8-3 所示，把 Slider 拖入窗体，如图 8-4 所示。

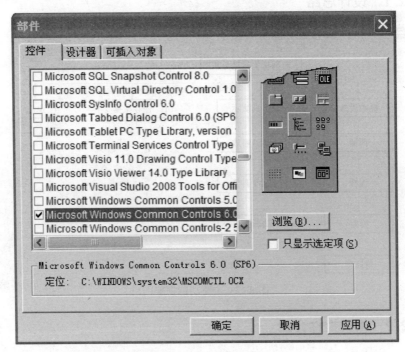

图 8-3　添加 Slider 控件

图 8-4　Slider 控件

2. MSFlexGrid 控件

MSFlexGrid 控件的主要作用是显示和操作表格数据。常用属性有 row（表格的行）；rows（表格的总行数）；col（表格的列）；cols（表格的总列数）；TextMatrix（x, y）（某一单元格的坐标，x 代表行，y 代表列）；ScrollBars（滚动条属性）；CellAlignment（返回或设置的数值确定了一个单元格或被选定的多个单元格所在区域的水平和垂直对齐方式）。

鼠标右键单击"工具箱"，选择"部件"，在列表中就可以找到"Microsoft FlexGrid Control"，单击前面的复选框，将之选中，单击"确定"按钮，把 MSFlexGrid 控件拖入窗体，如图 8-5 所示。

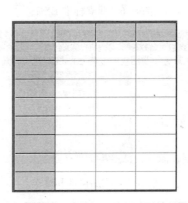

图 8-5　MSFlexGrid 控件

8.2.3　建立窗体及模块

1）启动 VB 后，新建一工程，因本实例不是很复杂，因此在"新建"选项卡中选择第一项"标准 EXE"建立工程，如图 8-6 所示。

2）单击"打开"按钮后进入设计窗口。本实例需要另外四个窗体，一个模块。选择菜单中的"工程"，如图 8-7 所示，选择"添加窗体"命令，如图 8-8 所示，选择"添加模块"命令，如图 8-9 所示。

3）当添加四个窗体和一个模块后，在"工程资源管理器"中就呈现如图 8-10 所示的界面。

基于Visual Basic的多连杆机构分析与仿真

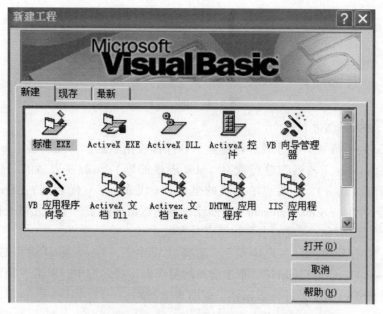

图 8-6 建立标准 EXE

图 8-7 添加窗体和模块

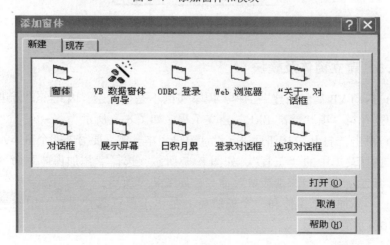

图 8-8 添加窗体

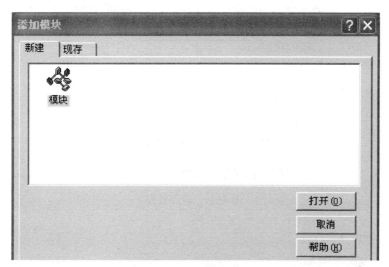

图 8-9 添加模块

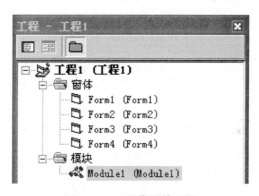

图 8-10 工程资源管理器

4) 保存模块和窗体，模块按默认名保存，后缀名是 .bas。把 Form1 保存为启动窗体，Form2 保存为主窗体，Form3 保存为参数设置，Form4 保存为运动参数，分别命名为 Start、Frm 运动分析、参数设置、data，后缀名都是 .frm，工程名为曲柄运动，后缀名是 .vbp。

5) 选择【工具】下拉菜单中的【添加过程】，在【名称】文本框中输入 main，如图 8-11 所示。在 Module 模块中得到一名为 Public Sub main () 的子程序。它将作为工程运行时首先执行的子程序。

6) 选择【工程】下拉菜单中的【部件】命令，打开【引用】对话框，再选中 Microsoft Office 15.0 Object Library 复选框，如图 8-12 所示。这样才能在下面以 Office 为对象编程。

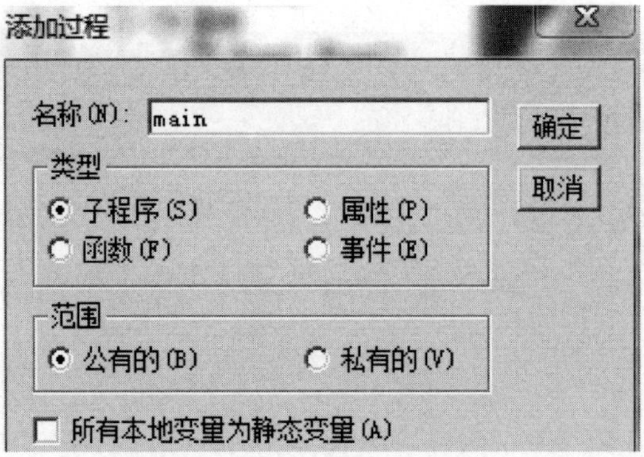

基于Visual Basic的多连杆机构分析与仿真

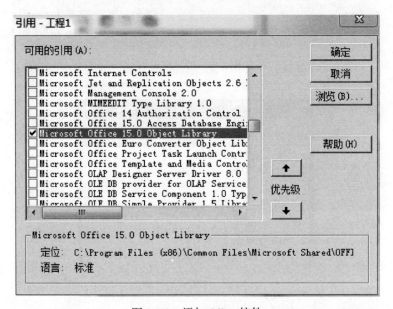

图 8-11　添加过程

图 8-12　添加 Office 控件

8.3　机构运动详细设计

8.3.1　窗体设计

1）和图 8-10 类似，在【工程资源管理器】中，双击每个窗体名，显示该窗体，按 F4 键（或在窗体名上右击），打开其【属性】对话框，如图 8-13 所示，将各窗体属性按表 8-1 所示更改，其余属性用默认值。

第8章 曲柄滑块机构运动分析实例

图 8-13 属性设置

表 8-1 窗体名称及属性设置

原名	重命名	属性
Form1	Frm 主界面	BordStyle = 0
Form2	Frm 曲柄滑块机构运动分析	
Form3	Frm 参数设置	MaxButton = False
Form4	曲柄滑块数据	BorderStyle = 0
Form5	Frm 八杆内滑块机构运动分析	

2）选择【文件】下拉菜单的【保存工程】命令，在显示的【文件另存为】对话框中将窗体按默认值保存在事先建好的子目录【F:\机构运动分析】中，在接下来显示的【工程另存为】对话框中将 Project 改名为"机构运动分析"，保存在同一子目录中。完成后的【工程资源管理器】窗口如图 8-14 所示。

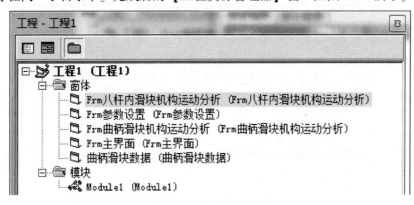

图 8-14 保存好的窗体

3）单击【工具】菜单中的【菜单编辑器】命令，出现如图 8-15 所示的对话框。首先添加"文件"菜单，菜单编辑器中左箭头表示将菜单升级；右箭头表示将菜单降级，属于下一级菜单；上箭头和下箭头用于移动菜单项的位置。

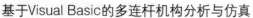

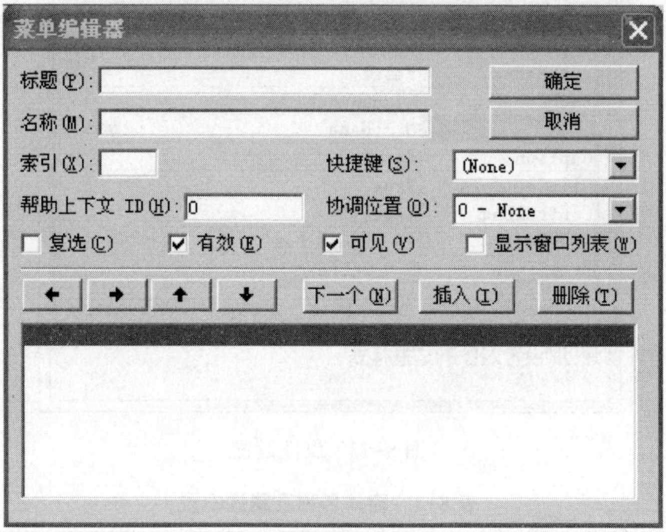

图 8-15 菜单设计

完成"文件"菜单的创建后，单击"下一个"按钮，将"文件"菜单变成一级菜单，接着完成"编辑"菜单的制作。需要进入二级菜单则单击右箭头，退回上级菜单则单击左箭头，如图 8-16 所示。完成菜单制作的最后效果如图 8-17 所示。

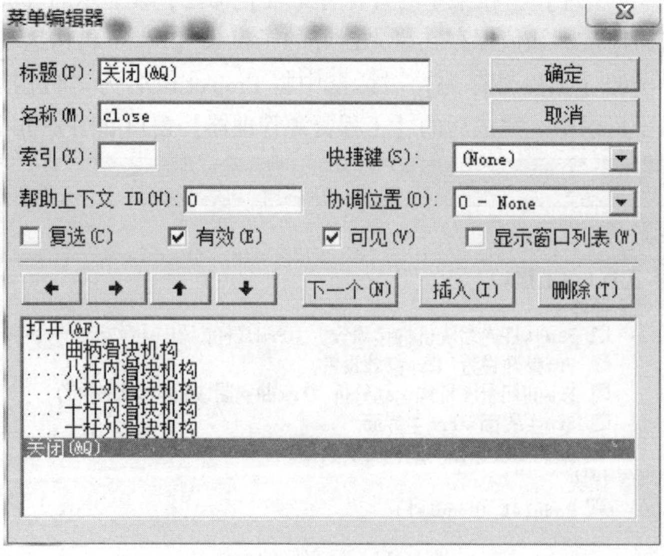

图 8-16 菜单编辑器

第 8 章 曲柄滑块机构运动分析实例

图 8-17 主界面菜单显示效果

主界面程序源代码如下：

Private Sub close_Click( )
　　Unload Me
End Sub
Private Sub Form_Load( )
　　Me. Picture = LoadPicture(App. Path + "\广西德天瀑布 . jpg")
End Sub
Private Sub 八杆内滑块机构_Click( )
　　Unload Me
Frm 八杆内滑块机构 . Show
End Sub
Private Sub 曲柄滑块机构_Click( )
　　Unload Me
　　Frm 曲柄滑块机构运动分析 . Show
End Sub

8.3.2 曲柄滑块机构运动分析窗体制作

1) 选中【Frm 曲柄滑块机构运动分析】窗体，在窗体中添加如表 8-2 所示的控件（若某控件被另一控件挡住不可见，可在该控件上右击，在快捷菜单中选择【置前】命令即可）。将 Command 的【名称】属性在属性框中作表 8-2 所示的重新设置，其余控件名采用默认值，如表 8-2 所示。控件添加完毕的窗体如图 8-18 所示。窗体代码请参见参考文献［20］"Visual Basic 与 AutoCAD 二次开发"中第 5 章内容。

表 8-2 窗体中的控件及名称

控　件	名　称
Frame1	Frame1
Frame2	Frame2
Command1	cmd 参数设置
Command2	cmd 保存结果
Command3	cmd 动画播放
Command4	cmd 动画停止
Command5	cmd 返回
Picture1	Picture1
Slider1	Slider1
Label1	Label1
Label2	Label2
Label3	Label3
Picture1	Picture1
Picture2	Picture2
MSFlexGrid1	MSFlexGrid1
Timer1	Timer1
CommonDialog1	CommonDialog1

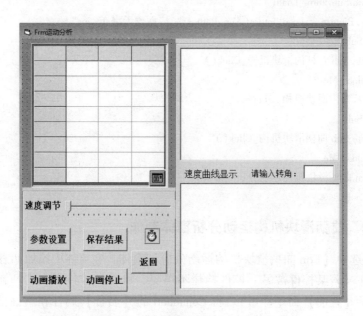

图 8-18 【Frm 曲柄滑块机构运动分析】窗体

第 8 章 曲柄滑块机构运动分析实例

8.3.3 参数设置窗体制作

1. 参数设置窗体功能

1）给应用程序输入任意一组有效数值。
2）限定输入文本框的数据类型。
3）检验在数据类型符合要求的前提下，其数值大小能否使机构装配成功。

2. 参数设置窗体的制作步骤

选中【Frm 参数设置】窗体，在窗体中添加控件，将 Command1 按钮的【名称】属性在属性框中如表 8-3 所示重新设置，其余控件名均采用默认值。添加 Label1 和 Text1，按住 Ctrl 键分别单击这两个控件将其选中，右击，在出现的菜单中选择【复制】命令，在窗体空白处右击，在菜单中选择【粘贴】命令，出现相应对话框，询问是否创建一个数组，均回答是，重复【粘贴】三次，得到 Label1 和 Text1 控件各自的数组，数组标识号 Index 均为 0~3，如表 8-3 所示。控件添加完毕的窗体如图 8-19 所示。

表 8-3　【Frm 参数设置】窗体控件及属性名称

控　件	名　称
Command1	Cmd 确定
Label1（0）	Label1（0）
Label1（1）	Label1（1）
Label1（2）	Label1（2）
Text1（0）	Text1（0）
Text1（1）	Text1（1）
Text1（2）	Text1（2）

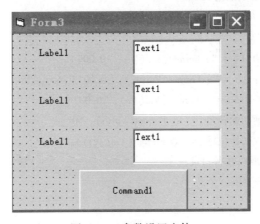

图 8-19　参数设置窗体

双击窗体，在代码窗体中输入如下源代码：

```
Private Sub Command1_Click()
    l1 = Val(Text1(0).Text)
    l2 = Val(Text1(1).Text)
    Ee = Val(Text1(2).Text)
    w1 = Val(Text1(3).Text)
    Unload Me
    Frm 曲柄滑块机构运动分析.Show
End Sub
Private Sub Form_Load()
    Text1(0).Text = Format(Val(l1), "0.00")
    Text1(1).Text = Format(Val(l2), "0.00")
    Text1(2).Text = Format(Val(Ee), "0.00")
    Text1(3).Text = Format(Val(w1), "0.00")
End Sub
```

8.3.4 数据显示窗体

利用窗体的 Form_Resize 事件，可显示连杆参数的初始数据。具体操作步骤：双击窗体，输入程序的源代码，如下所示：

```
Private Sub Form_Load()
    Me.Move 0, 0
End Sub
Private Sub Form_Resize()
    Me.Cls
    With 曲柄滑块数据.Font
        .Bold = True
    End With
    Print "曲柄 OA = "; Format(Val(l1), "0.00")
    Print "连杆 AB = "; Format(Val(l2), "0.00")
    Print "偏心距 Ee="; Format(Val(Ee), "0.00")
    Print "曲柄初始转角 i=" & Format(Val(i), "0")
    Print "滑块初始位移 s=" & Format(Val(s(i)), "0.0")
    With 曲柄滑块数据.Font
        .Bold = False
    End With
End Sub
```

8.4 机构运动效果

通过测试与调试，得到如图 8-20 的运行主界面，选择菜单【打开】，如图 8-21 所示，进入"曲柄滑块机构"命令，出现"运行分析"窗体，如图 8-22所示，默认是曲柄转角为 0 度，Slider 滑块速度为 1，单击窗体中的"动画播放"按钮，则在 Picture1 控件中会有动态曲柄运动的演示，而且数据会在 MSFlexGrid 控件中不断更新，并且 Picture2 的图形会随着曲柄的移动而变化。同时，【曲柄滑块数据】窗体也会出现，其中显示初始数据信息，如图 8-23所示。

图 8-20　运行主界面

图 8-21　菜单选择

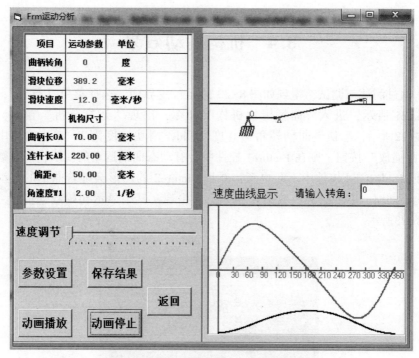

图 8-22 运动分析窗体（曲柄转角为 0 度）

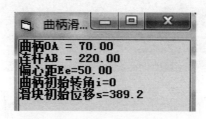

图 8-23 曲柄滑块数据窗体

如图 8-24 所示是曲柄转角为 53 度时的动态演示。在曲柄运动时会产生很多数据，本实例中把数据写入到 Office 中。为了能够实时记录数据信息，本实例采用文件形式输出/输入数据。如果程序处理的数据量较大，需要将数据输出到文件保存，或者需要将现有文件的数据读入，就要用到文件形式输出/读入数据方法。主要操作步骤如下：

1）运行 VB，新建一工程，选择"VB 企业版控件"。在 Form1 中添加控件 RichTextBox1，新建一子目录"F:\Test"，将窗体与工程以默认名存盘。

2）在 Form1 代码单中输入下列源代码，按 F5 键运行程序。

对运动界面，还可以进行参数设置，单击【参数设置】按钮，出现如图 8-25 所示的界面，其中有曲柄 OA、连杆 AB、偏距 Ee 和角速度 w1 四个参

第8章 曲柄滑块机构运动分析实例

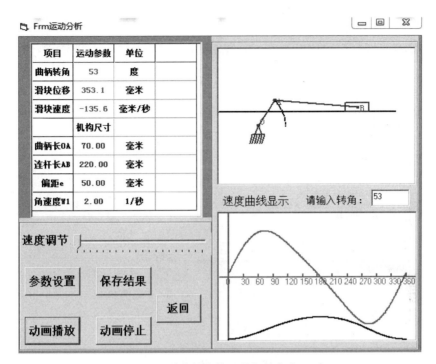

图 8-24 运动分析窗体（曲柄转角为 53 度）

数，分别在文本框中输入数值，会对曲柄运动产生影响。

图 8-25 参数设置窗体

8.5 程序打包并制作光盘

程序打包并制作光盘的步骤如下：

1）选择【外接程序】菜单下的【外接程序管理器】命令，出现如图 8-26

所示的对话框,选择【打包和展开向导】选项,选中【加载/卸载】复选框。

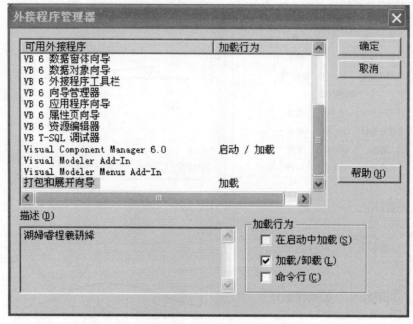

图 8-26　程序打包

2)选择【外接程序】菜单下的【打包和展开向导】命令,打开如图 8-27 所示的对话框,单击【打包】按钮,然后按照提示完成整个打包过程,将

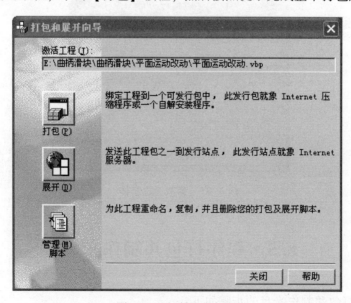

图 8-27　初始向导打包

第 8 章 曲柄滑块机构运动分析实例

工程涉及的所有程序存入指定的子目录,如图 8-28 所示,包含生成的一个安装程序 Setup.exe。

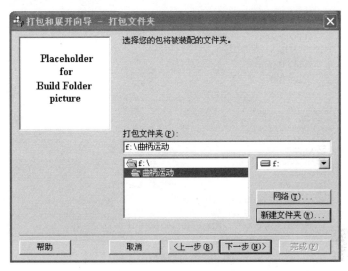

图 8-28 选择打包文件夹

3)可以选择已有的文件夹,也可以新建文件夹,还可以选择不同磁盘路径进行存储,然后单击【下一步】按钮,出现如图 8-29 所示的界面,该界面是选择包类型,本实例选择【标准安装包】即可,单击【下一步】按钮。

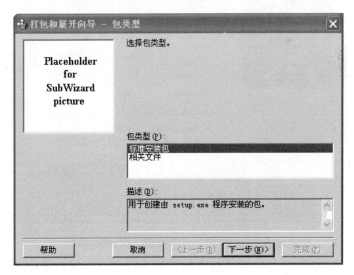

图 8-29 选择包类型

4)在图 8-29 中,选择【标准安装包】后,单击【下一步】按钮,进入如图 8-30 所示的对话框,在该对话框中选择包含的文件,如果没有,则可以进行添加。

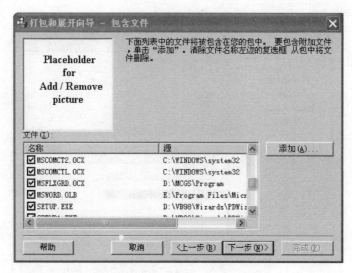

图 8-30 选择包中文件

5）选择文件后，单击【下一步】按钮，出现如图 8-31 所示的压缩文件对话框，在该对话框中选择"单个的压缩文件"，单击【下一步】按钮。

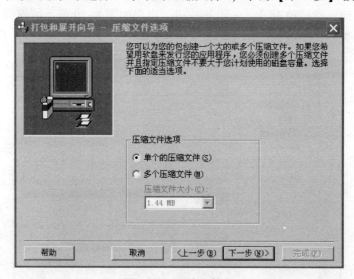

图 8-31 压缩文件夹

6）图 8-32 是在上一步之后出现的要求输入"安装程序标题"对话框，根据需要输入标题名，如果没有输入，则会默认为"工程1"。

7）单击【下一步】按钮后，出现如图 8-33 所示的设置启动菜单项的界面，如果没有特别需求，则保持默认设置即可，单击【下一步】按钮。

第 8 章 曲柄滑块机构运动分析实例

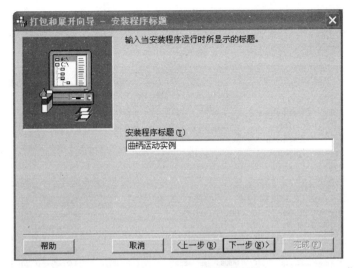

图 8-32 安装程序标题

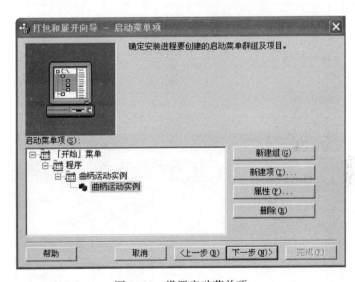

图 8-33 设置启动菜单项

8）在设置启动菜单项后，出现如图 8-34 所示的安装位置界面，其中列出了相关的文件，如 .DLL 和 .ocx 文件等，都有安装位置的描述，如没有问题，则单击【下一步】按钮。

9）如图 8-35 所示是"共享文件"对话框，如果文件被共享，则可以被多个应用程序使用，单击【下一步】按钮。

10）如图 8-36 所示是"已完成"界面，可以按照需要为"脚本名称"重新输入新名称，如果保持默认设置，则是"标准安装包 1"。

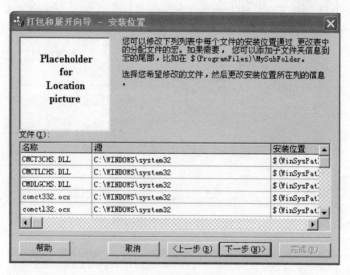

图 8-34　安装位置

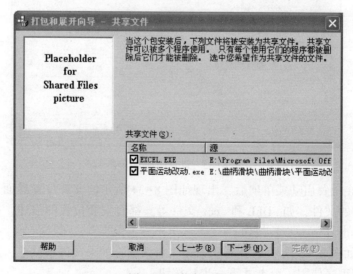

图 8-35　共享文件

第 8 章　曲柄滑块机构运动分析实例

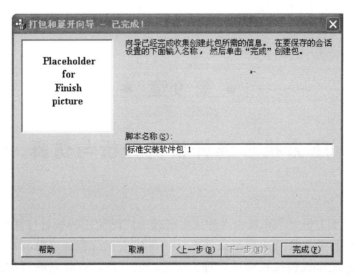

图 8-36　完成打包

第 9 章

压力机多连杆机构分析与仿真

多连杆压力机是汽车覆盖件冲压生产线上广泛使用的板材拉深成形设备，适用于工作行程较长且速度平稳的场合，滑块工作行程速度低而均匀，空行程速度高，使得板料拉延速度合理，变形均匀，且具有较高的行程次数与生产率。图9-1为进行汽车侧板成形的实验。在工作行程开始时，上模以较低的速度接近下模，减小了压力机传动系统的动载荷，使模具寿命较高。与技术参数相同的曲柄滑块压力机相比较，该压力机曲柄半径和曲轴扭矩较小，压力机总体尺寸较小，对制造大型压力机起到重要作用。

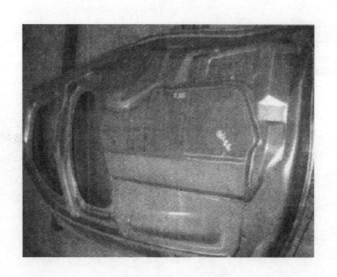

图 9-1　汽车侧板成形件

多连杆压力机滑块的运动特性，取决于机构的构型和各杆件尺寸参数。采用传统的图解法设计机构时，不仅工作量较大，而且机构约束条件和设

第9章 压力机多连杆机构分析与仿真

计参数变量较多,并且在数学上的困难难以克服,无法同时考虑约束条件和滑块速度,智能采取试凑法或从有限的几个方案中选择,不能获得最优方案。

用多连杆机构代替一般曲柄滑块机构已成为机械压力机结构发展的重要方向之一。为提高生产效率就必须要求压力机具备快速接近制件与快速脱离制件的功能。采用多连杆机构的压力机能够满足以上要求,但生产率比较低,因此,如何利用多连杆机构满足压力机拉伸作业以及达到一定的生产率,已成为有关设计人员的研究方向。Weck 首先设计出一种双曲柄机构应用于压力机,Yossifon、Shivpuri 和 Hwang 等学者相继提出了一些机构和方法。1950 年,BLISS 公司制造的称为"均匀行程"的压力机定义为"可以提供比较慢的拉伸速度、较快的上行程,从而提高生产力的压力机"。目前多连杆机构的应用已成为大势所趋,因此,对几种典型的多连杆机构进行研究是一件很有意义的工作,典型结构如图 9-2、图 9-3、图 9-4、图 9-5 所示。

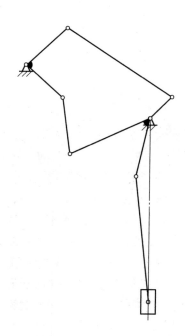

图 9-2 八杆外滑块结构

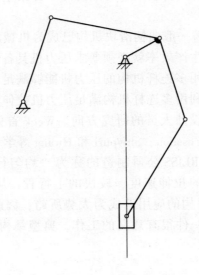

图 9-3 六杆外滑块结构

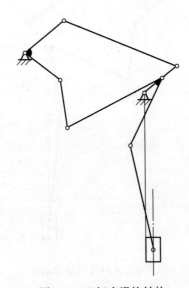

图 9-4 八杆内滑块结构

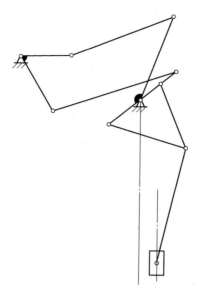

图 9-5 十杆内滑块结构

9.1 多连杆机构设计思路和流程

图 9-6 为拉延压力机多连杆机构设计思路和流程，该系统分为运动分析部分和优化设计部分，其中运动分析部分是优化分析的基础，整个系统分为现有方案预处理模块、现有方案运动分析模块、多连杆机构最优化设计模块和优化结果的后处理模块。各模块的功能如下：

1. 现有方案预处理模块

该模块对现有的多连杆机构进行前期的预处理判断，通过输入现有机构方案的机构参数，该模块将判断现有方案是否满足各杆长的边界条件、曲柄存在条件以及是否满足机构其他的限制条件等。

2. 现有方案运动分析模块

该模块在接收现有方案的机构参数输入后，在预处理模块的基础上，根据多连杆机构的运动学分析方程，生成在一个工作循环内拉延压力机多连杆机构内外滑块的位移曲线、速度曲线及加速度曲线。对于起压边作用的外滑块，该模块还给出在压紧角范围内的位移波动曲线。该模块是一个现有方案的运动学正向求解的过程。

3. 机构最优化设计模块

该模块根据拉延压力机的性能要求，确定目标函数、设计变量和约束条件，建立多连杆机构优化设计模型，并根据所选的优化设计方法进行迭代收敛计算，最终得到机构的最优化设计方案结果。

4. 优化结果后处理模块

该模块针对最优化设计模块得到的最优化结果，完成后期的处理过程，包括优化结果的运动特性曲线显示、外滑块在压紧角内的位移波动量比较等优化结果的后期显示处理过程。

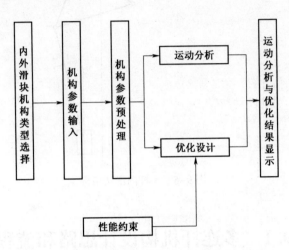

图 9-6　拉延压力机多连杆机构设计思路和流程

9.2　多连杆机构设计方法

多连杆机构的设计方法有复数向量法、杆组法和图解法，前两种适合用计算机编程实现，因此主要介绍前两种方法。

9.2.1　复数向量法

1. 复数矢量的表示

单位矢量用复数来表示：

$$e^{i\theta} = \cos\theta_1 + i\sin\theta_2 \tag{9-1}$$

在图 9-7 中的矢量 $\vec{a_1}$：

$$\vec{a_1} = ae^{i\theta} = a(\cos\theta_1 + i\sin\theta_2) = a_{1x} + ia_{1y} \tag{9-2}$$

式中：a：矢量 $\vec{a_1}$ 的模；

θ_1：矢量 $\vec{a_1}$ 的方向角，对于右手坐标系，该角自 X 轴逆时针方向度量；

a_{1x}：矢量 $\vec{a_1}$ 在 X 轴上的投影；

a_{1y}：矢量 $\vec{a_1}$ 在 Y 轴上的投影。

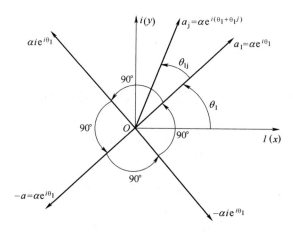

图 9-7　复数矢量及其回转

2. 复数矢量的回转

如图 9-7 所示，矢量 $\vec{a_1}$ 逆时针方向回转 θ_{1j} 角的矢量：

$$\vec{a_j} = a_{jx} + ia_{jy} = a[\cos(\theta_1 + \theta_{1j}) + i\sin(\theta_1 + \theta_{1j})] = ae^{i(\theta_1 + \theta_{1j})} \quad (9\text{-}3)$$

设 $\theta_{1j} = 90°$，则有

$$\vec{a_j} = ae^{i(\theta_1 + 90°)} = a[\cos(\theta_1 + 90°) + i\sin(\theta_1 + 90°)]$$
$$= a[-\sin\theta_1 + i\cos\theta_1] = ai[\cos\theta_1 + i\sin\theta_1] = aie^{i\theta_1} \quad (9\text{-}4)$$

上式表明，某复数矢量逆时针回转 90°所得的新矢量等于原矢量乘虚数 i。按此推出以下各式：

$$ae^{i(\theta_1 + 180°)} = aie^{i(\theta_1 + 90°)} = -aie^{i\theta_1} \quad (9\text{-}5)$$

$$ae^{i(\theta_1 + 270°)} = aie^{i(\theta_1 + 180°)} = -aie^{i\theta_1} \quad (9\text{-}6)$$

将 (9-3) 式分别在 X 轴和 Y 轴上分解：

$$a_{jx} = a\cos(\theta_1 + \theta_{1j}) = a(\cos\theta_1 + \cos\theta_{1j} - \sin\theta_1\sin\theta_{1j})$$
$$= a_{1x}\cos\theta_{1j} - a_{1y}\sin\theta_{1j} \quad (9\text{-}7)$$

$$a_{jy} = a\cos(\theta_1 + \theta_{1j}) = a(\cos\theta_1 + \sin\theta_{1j} - \sin\theta_1\cos\theta_{1j})$$
$$= a_{1x}\sin\theta_{1j} - a_{1y}\cos\theta_{1j} \quad (9\text{-}8)$$

将上两式合并并用矩阵表示为：

$$\begin{bmatrix} a_{jx} \\ a_{jy} \end{bmatrix} = [R_{\theta_{1j}}] \begin{bmatrix} a_{1x} \\ a_{1y} \end{bmatrix}$$

或　　$[\vec{a_j}] = [R_{\theta_{1j}}](\vec{a_1}) \quad (9\text{-}9)$

式中 $[R_{\theta_{1j}}]$ 称为回转矩阵，展开式为：

$$[R_{\theta_{1j}}] = \begin{bmatrix} \cos\theta_{1j} & -\sin\theta_{1j} \\ \sin\theta_{1j} & \cos\theta_{1j} \end{bmatrix} \quad (9-10)$$

3. 复数矢量的导数

平面上某点 P 的位置由矢径 $\vec{r}$ 确定：

$$\vec{r} = re^{i\theta} \quad (9-11)$$

P 点的速度 $\dot{\vec{r}}$ 和加速度 $\ddot{\vec{r}}$ 分别为矢径 $\vec{r}$ 对时间的一阶和二阶导数，可得：

$$\dot{\vec{r}} = \frac{d}{dt}(re^{i\theta}) = \dot{r}e^{i\theta} + r\dot{\theta}ie^{i\theta} \quad (9-12)$$

$$\ddot{\vec{r}} = \frac{d^2}{dt^2}(re^{i\theta}) = \ddot{r}e^{i\theta} + 2\dot{r}\dot{\theta}ie^{i\theta} + r\ddot{\theta}ie^{i\theta} - r\dot{\theta}^2 e^{i\theta}$$

$$= (\ddot{r} - r\dot{\theta}^2)e^{i\theta} + (2\dot{r}\dot{\theta} + r\ddot{\theta})ie^{i\theta} \quad (9-13)$$

4. 复数矢量法的分析步骤

（1）位移分析

1）对机构的每个独立封闭环写出矢量方程，得到 L 个矢量封闭方程；

2）用复数的指数形式表示出矢量封闭方程中的每个矢量，得到 L 个复数位置方程；

3）将 L 个复数位置方程的虚部和实部分离，可得由 $2L$ 个方程组成的机构位置方程组；

4）用共轭复数法减少联立求解的方程个数；

5）求解机构位置方程组，可得位移分析的结果。

（2）速度分析

1）将位移分析过程中得到的位置方程对时间求导，得到速度方程；

2）将（1）中的速度方程的实部和虚部分离，得到机构速度方程组；

3）求解机构速度方程组，可求得速度分析结果。

（3）加速度分析

1）将速度分析过程中得到的速度方程对时间求导，得到加速度方程；

2）将（1）中的加速度方程实部和虚部分离，得到机构加速度方程组；

3）求解机构加速度方程组，可求得加速度分析结果。

5. 压力机驱动机构的运动学分析

首先确定多连杆压力机驱动机构的构型。多连杆压力机可用的构型很多，包括六杆、八杆和十杆等很多不同的杆系，本书选择驱动机构型为六连杆，简图如图 9-8 所示，并给出机构原始参数，如表 9-1 所示。

第 9 章 压力机多连杆机构分析与仿真

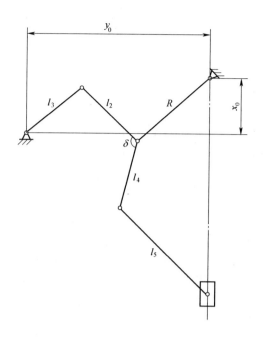

图 9-8 六连杆驱动机构简图

表 9-1 六连杆机构的原始参数

R = 240	l_2 = 713	l_3 = 975.26	l_4 = 728
l_5 = 930	y_0 = 1400	x_0 = 253	δ = 130°

六连杆机构运动学分析过程如下：

1）向量回路方程式的个数的确定：

独立回路的个数 $U=J-N+1$，J 为自由度为 1 的运动副的个数，N 为杆件数目，包括机构，由简图可知，该结构 $J=7$，$N=6$。代入计算 $U=7-6+1=2$。

2）列出复数方程组，图 9-9 为六连杆向量回路图，由图示向量列出复数方程组如下：

$$\begin{cases} l_3 e^{i\theta_3} + l_2 e^{-i\theta_2} + Re^{i\left(\frac{\pi}{2}-\alpha\right)} = y_0 + ix_0 \\ l_5 e^{-i\left(\frac{\pi}{2}-\beta\right)} + l_3 e^{i\theta_3} + l_2 e^{i\theta_2} + l_4 e^{-i(\pi-\delta-\theta_2)} = y_0 - iS \end{cases} \quad (9\text{-}14)$$

3）经过整理可得到位移、速度和加速度之解，整理如下：

a）位移

$$S = R + l_4 + l_5 - R\cos\alpha - l_4\sin(\delta - \theta_2) - l_5\cos\beta \quad (9\text{-}15)$$

其中：

$$\theta_2 = \arcsin\{[-(c-d)a + b\sqrt{a^2 + b^2 - (c-d)^2}]/(a^2 + b^2)\} \quad (9\text{-}16)$$

式 (9-16) 中:

$$\begin{cases} a = -y_0 - R\cos\alpha \\ b = x_0 - R\sin\alpha \\ c = \dfrac{x_0^2 + y_0^2 + R^2 + l_2^2 - l_3^2}{2l_2} \\ d = \dfrac{R(-y_0\cos\alpha + x_0\sin\alpha)}{l_2} \end{cases} \quad (9\text{-}17)$$

$$\theta_3 = \arcsin\frac{l_2\sin\theta_2 - y_0 - R\cos\alpha}{l_3} \quad (9\text{-}18)$$

$$\beta = \arcsin\frac{R\sin\alpha + l_4\cos(\delta - \theta_2)}{l_5} \quad (9\text{-}19)$$

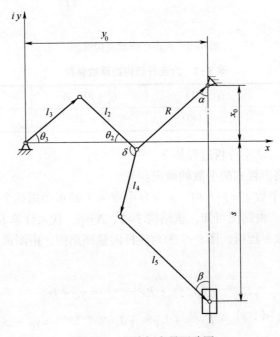

图 9-9 六连杆向量回路图

b) 速度

$$v = Rw\sin\alpha + l_4\dot{\theta}_2\cos(\delta - \dot{\theta}_2) + \dot{\beta}l_5\sin\beta \quad (9\text{-}20)$$

c) 加速度

$$a = Rw^2\cos\alpha + l_4\ddot{\theta}_2\cos(\delta - \theta_2) + l_4\dot{\theta}_2^2\sin(\delta - \theta_2)$$
$$+ l_5\dot{\beta}\sin\beta + l_5\dot{\beta}^2\cos\beta \tag{9-21}$$

其中:

$$\begin{cases} \dot{\theta}_2 = \dfrac{Rw\cos(\alpha + \theta_3)}{l_2\sin(\theta_2 + \theta_3)} \\ \ddot{\theta}_2 = -[Rw^2\sin(\alpha + \theta_3) + l_2\dot{\theta}_2^2\cos(\theta_2 + \theta_3) + l_3\dot{\theta}_3^2]/l_2\sin(\theta_2 + \theta_3) \\ \dot{\theta}_3 = \dfrac{l_2\dot{\theta}_2\cos\theta_2 + Rw\sin\alpha}{l_3\cos\theta_3} \\ \dot{\beta} = \dfrac{Rw\cos\alpha + \dot{\theta}_2 l_4\sin(\delta - \theta_2)}{l_5\cos\beta} \\ \ddot{\beta} = \dfrac{-[Rw^2\sin\alpha + l_4\ddot{\theta}_2\sin(\delta - \theta_2) - \dot{\theta}_2^2 l_4\cos(\delta - \theta_2) + l_5\dot{\beta}^2\sin\beta]}{l_5\cos\beta} \end{cases}$$

$$\tag{9-22}$$

9.2.2 杆组法

1. 杆组法概述

随着现代数学工具日益完善和计算机的飞速发展,快速、精确的解析法已占据了主导地位,并具有广阔的应用前景。目前正在应用的运动解析法,由于所用的数学工具不同,其方法名称也不同,如复数矢量法、矩阵法、矢量方程法等。复数矢量法编程简单,但每种机构都要单独重新编程,通用性差。矩阵法通用性强,但计算程序复杂庞大。使用杆组法大大降低了计算的复杂性,而且容易掌握,适用于目前计算机的编程和调用。

根据机构组成原理,机构可由Ⅰ级机构+基本杆组组成,当给定Ⅰ级机构的运动规律后,机构中各基本杆组的运动是确定的、可解的。因此,机构的运动分析可以从Ⅰ级机构开始,通过逐次求解各基本杆组完成。这样,把Ⅰ级机构和各类基本杆组看成各自独立的单元,分别建立其运动分析的数学模型,然后编制成通用子程序,对其位置、速度及加速度和角速度、角加速度等运动参数进行求解。当对具体机构进行运动分析时,可以通过调用原动件和机构中所需的基本杆组的通用子程序来解决,这样,可快速求解出各杆件及其上各点的运动参数。这种方法称为杆组法。对各种不同类型的平面连杆机构都适用。

工程实际中所用的大多数机构是Ⅱ级机构,它由作为原动件的单杆构件和一些双杆组组成。双杆组有多种形式,其中最常见的有三种,如图9-10

所示。

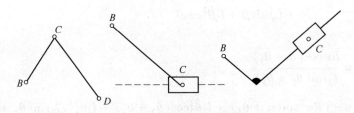

图 9-10 常见的双杆组形式

由于多杆内滑块类型的机构使用得较多，结构形式很多，但基本机构的组成是相同的。它们的共同特点是：用五连杆机构代替一般的曲柄滑块机构（或四连杆机构）。由机械原理可知，五连杆机构具有两个自由度，也就是机构需要有两个主动件才能具有确切的运动规律。合理综合机构参数，可以使滑块满足拉伸作业的需要。由于机构类型很多，无法一一介绍，这里对一种六杆机构进行分析，如图 9-11 所示。其他这种类型的机构分析可以参照这种机构进行。

由双曲柄机构 $ABCD$ 和曲柄滑块机构给定一组六杆内滑块拉延机构的杆长和机架数据，$X_6 = 1330\text{mm}$，$Y_6 = -200\text{mm}$，$L_1 = 250\text{mm}$，$L_2 = 1020\text{mm}$，$L_3 = 1250\text{mm}$，$L_{20} = 1550\text{mm}$，$L_4 = 1400\text{mm}$，$e = -90\text{mm}$，机构如图 9-11 所示，对机构输出位移、速度和加速度求解，并编制主程序上机计算，进行仿真。

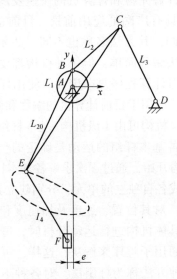

图 9-11 六杆内滑块机构

当曲柄 AB 匀速转动的时候，滑块作上下往复直线移动。图 9-11 中显示，机构是通过一个摇杆滑块机构和一个曲柄摇杆机构组成的，其中摇杆 CD、摆

杆 EF、滑块和机架又组成一个摇杆滑块机构，曲柄 AB、连杆 BC、摇杆 CD 和机架组成一个曲柄摇杆机构。由该机构的运动简图可以看出该机构共有 5 个活动件，7 个低副，而没有高副，故可求得其自由度为：$F = 3n - 2P_L - P_H = 3 \times 5 - 2 \times 7 - 0 = 1$。该机构中有一个原动件，与机构的自由度相等，故该机构具有确定的运动。

2. 运动分析

在多杆压力机设计中，由于构件数较多，所以如何选择各杆尺寸，以保证滑块具有符合工艺要求的最佳运动特性，成为设计中的关键问题。本章对六杆内滑块机构的位移、速度、加速度求解如下。

1）建立坐标系，如图 9-10 所示。

2）将机构拆成杆组，将六杆内滑块机构拆分成一个 I 级杆组，2 个 RRR 杆组和 1 个 RRP 杆组，如图 9-12 所示。

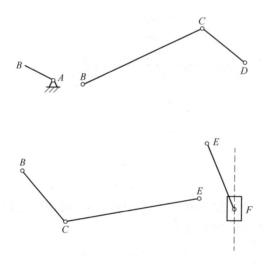

图 9-12 拆分杆组

3）确定各双杆组的位置系数 M，由图 9-12 可知，对于构件 2 和 3 组成的 RRR 双杆组，$M = +1$；对于杆 BCE 组成的 RRR 双杆组，$M = +1$；对于构件 4 和滑块组成的 RRP 双杆组，因为 $\angle EFA$ 小于 90°，$M = +1$。

4）画出计算流程图，根据流程图编制主程序后上机计算，该六杆机构的程序流程图如图 9-13 所示。

5）曲柄 AB 单杆构件的计算，求得 B 点的位置，如式（9-23）所示；速度如式（9-24）所示。

$$\begin{cases} x_B = L_1 \cos\varphi_1 \\ y_B = L_1 \sin\varphi_1 \end{cases} \quad (9-23)$$

基于Visual Basic的多连杆机构分析与仿真

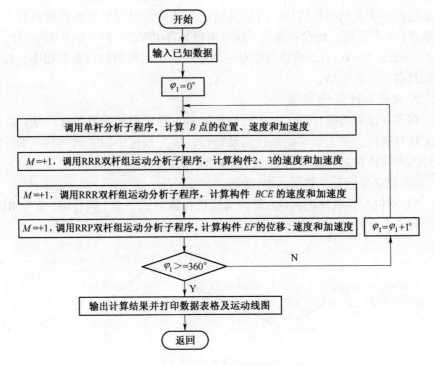

图 9-13 程序流程图

$$\begin{cases} v_{Bx} = -\omega_1(y_B - y_A) \\ v_{By} = \omega_1(x_B - x_A) \end{cases} \tag{9-24}$$

式中，速度是在对位置方程中的时间求导所得，对速度方程中时间求导即得加速度方程，如式（9-25）所示。

$$\begin{cases} a_{Bx} = -\omega_1^2(x_B - x_A) \\ a_{By} = -\omega_1^2(y_B - y_A) \end{cases} \tag{9-25}$$

6) 求 C 点的运动参数，杆 BC 和杆 CD 构成 RRR 杆组。C 点的位置方程如式（9-26）所示，速度方程如式（9-27）所示，加速度方程如式（9-28）所示。

$$\begin{cases} x_C = x_B + L_2\cos\varphi_2 \\ y_C = y_B + L_2\sin\varphi_2 \end{cases} \tag{9-26}$$

$$\begin{cases} v_{Cx} = v_{Bx} - \omega_2(y_C - y_B) \\ v_{Cy} = v_{By} - \omega_2(x_C - x_B) \end{cases} \tag{9-27}$$

$$\begin{cases} a_{Cx} = a_{Bx} - \omega_2^2(x_C - x_B) - \varepsilon_2(y_C - y_B) \\ a_{Cy} = a_{By} - \omega_2^2(y_C - y_B) - \varepsilon_2(x_C - x_B) \end{cases} \tag{9-28}$$

7）求 E 点的运动参数，可以把杆 BCE 看成三个杆件 BC、BE、CE，构成 RRR 双杆组，B 点和 C 点的运动参数已求出，从而可以求得 E 点的运动参数。

8）求 F 点的运动参数，杆 EF 和滑块组成 RRP 双杆组。但滑块的横坐标已知，即偏距。可以把杆 EF 看作单杆构件，由单杆构件位置方程即可求得 F 点位置纵坐标，进而求得 F 点的速度和加速度。

六杆内滑块机构的运动分析及优化设计是研究压力机传动机构性能的重要手段，无论是设计新机型还是合理地使用现有机型，正确而快速的分析都是十分重要的。Visual Basic 是美国微软（Microsoft）公司研制的 Windows 环境下的应用程序开发工具。Visual Basic 是一种使用方便又具有"图形用户界面"的可视化的程序设计语言，还可以方便地对 Word、Excel 和 AutoCAD 等常用软件进行二次开发。本书对以上六杆机构参数进行稍微调整，用 VB 开发了六杆机构运动分析软件。利用所开发的软件，对工作机构的运动特性曲线进行跟踪显示，不仅可以检验设计方案的合理性，而且可以检验机构参数设计是否合理，为多连杆机构的设计提供了一个有力的工具。对深入研究拉延压力机多连杆机构的优化设计和整机性能参数的优化设计将产生一定的指导意义。

9.3 六杆机构程序设计

首先建立工程 1，添加四个窗体，分别为六杆机构窗体、数据输出窗体、参数设定窗体和登录窗体，然后添加模块，如图 9-14 所示。

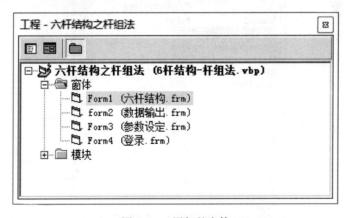

图 9-14 添加的窗体

1. 登录窗体的设置及编程

登录界面窗体如图 9-15 所示，有两个命令按钮、三个标签和两个文本

基于Visual Basic的多连杆机构分析与仿真

框，命令按钮属性如图9-16和图9-17所示，标签1属性设置如图9-18所示。

图9-15　登录界面窗体

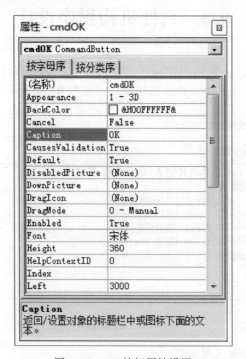

图9-16　OK按钮属性设置

第 9 章 压力机多连杆机构分析与仿真

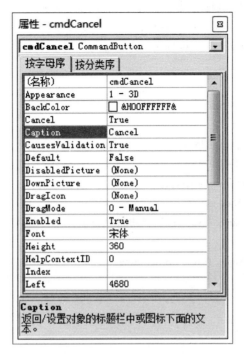

图 9-17 Cancel 按钮属性设置

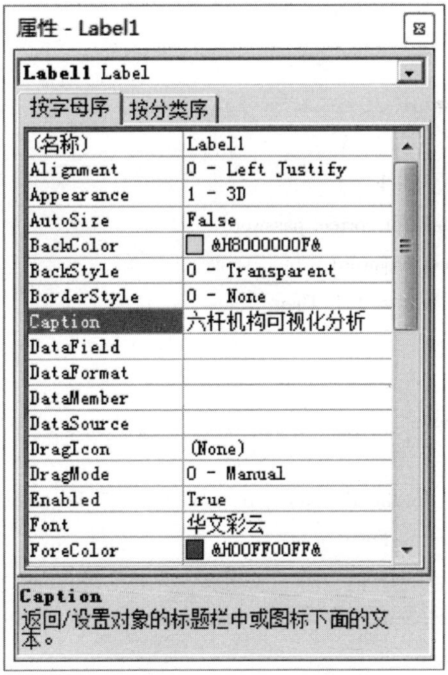

图 9-18 标签 1 属性设置

登录窗体对应的程序如下。为增加程序的保密性，可设置密码进行登录。
```
Private Declare Function GetUserName Lib " advapi32. dll " Alias " GetUserNameA "
(ByVal lpbuffer As String, nSize As Long) As Long
    Public OK As Boolean
    Private Sub Form_ Load ()
        Dim sBuffer As String
        Dim lSize As Long
        sBuffer = Space$ (255)
        lSize = Len (sBuffer)
        Call GetUserName (sBuffer, lSize)
        If lSize > 0 Then
            txtUserName. Text = Left$ (sBuffer, lSize)
        Else
            txtUserName. Text = vbNullString
        End If
    End Sub
    Private Sub cmdCancel_ Click ()
        OK = False
        Me. Hide
      Unload Me
      Unload Form1

    End Sub


    Private Sub cmdOK_ Click ()
        'ToDo: create test for correct password
        'check for correct password
        If txtPassword. Text = " " Then
            OK = True
            Me. Hide
            Form1. Show
        Else
            MsgBox " Invalid Password, try again!", , " Login"
            txtPassword. SetFocus
            txtPassword. SelStart = 0
            txtPassword. SelLength = Len (txtPassword. Text)
            Form4. Show
        End If
```

第9章 压力机多连杆机构分析与仿真

2. 六杆机构窗体的设置及编程

在本窗体中,包含的控件如表9-2所列,窗体各控件排布如图9-19所示。本窗体实现的功能有:

1) 控件与窗体同步改变大小。
2) 动画仿真演示及曲线、数据同步显示。
3) 动画速度调节及随时停止。
4) 输入任意位置图形、数据的显示。
5) 采用文件形式实现输出数据。
6) 原始参数及中间结果的实时显示。

表9-2 窗体中的控件及名称

控　件	名　　称
Check1	Check1
Check2	Check2
Check3	Check3
Command1	数据显示
Command2	动画
Command3	停止
Command4	参数设定
Command5	保存结果
Command6	返回
Slider1	Slider1
Label1	Label1
Picture1	Picture1
Picture2	Picture2
MSFlexGrid1	MSFlexGrid1
Timer1	Timer1
CommonDialog1	CommonDialog1

基于Visual Basic的多连杆机构分析与仿真

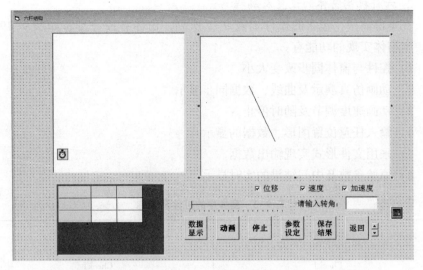

图 9-19　六杆结构窗体

六杆结构窗体程序的运行代码如下，运行主界面如图 9-20 所示。

1. Option Explicit
    'api,将窗口图像放到剪贴板
2. Private Declare Sub keybd_event Lib "user32" (ByVal bVk As Byte, _
    ByVal bScan As Byte, ByVal dwFlags As Long, ByVal dwExtraInfo As Long)
3. Private Const VK_SNAPSHOT = &H2C
4. Private Sub Command1_Click( )
5. 　　form2. Show
6. End Sub
7. Private Sub Check1_Click( )
8. 　　Call Picture2_Paint
9. End Sub
10. Private Sub Check2_Click( )
11. 　　Call Picture2_Paint
12. End Sub
13. Private Sub Check3_Click( )
14. 　　Call Picture2_Paint
15. End Sub
16. Private Sub Check4_Click( )
17. 　　If Check4 = Checked Then
18. 　　　　Check6 = Checked
19. 　　　　Check7 = Checked
20. 　　　　Check8 = Checked

21.　　Call Picture2_Paint
22. Else
23.　　Check6 = Unchecked
24.　　Check7 = Unchecked
25.　　Check8 = Unchecked
26. End If
27. Call Text1_Change
28. End Sub
29. Private Sub Check6_Click( )
30.　　Call Picture2_Paint
31. End Sub
32. Private Sub Check7_Click( )
33.　　Call Picture2_Paint
34. End Sub
35. Private Sub Check8_Click( )
36. Call Picture2_Paint
37. End Sub
38. Private Sub 停止_Click( )
39.　　Timer1.Enabled = False
40. End Sub
41. Private Sub Form_Activate( )
42.　　Me.AutoRedraw = True
43.　　Picture1.DrawWidth = 2
44. Call 计算极值
45. i = 0
46. Me.AutoRedraw = False
47. End Sub
48. Private Sub Form_Resize( )
49.　　in8load = True
50.　　Picture1.Scale(0,2000)-(2000,0)
51. End Sub
52. Private Sub Timer1_Timer( )
53.　　Dim xx As Single
54.　　xx = Me.Slider1.Value
55.　　i1 = i1 + xx
56.　　If i1 > 360 Then i1 = 0
57.　　 Text1.Text = i1
58. End Sub
59. Private Sub 参数设定_Click( )

60.   Form3. Show
61.   Unload Me
62. End Sub
63. Private Sub 动画_Click( )
64.   Picture1. Visible = True
65.   Timer1. Enabled = True
66. End Sub
67. Private Sub 返回_Click( )
68.   Unload Me
69.   Unload form2
70.   Unload Form4
71. End Sub
72. Private Sub Form_Load( )
73.   On Error Resume Next
74.   i1 = 0
75.   '设定各控件大小的初值
76.   For i = 0 To Me. Controls. Count − 1
77.   Cw(i) = Me. Controls(i). Width / Me. Width
78.   Ch(i) = Me. Controls(i). Height / Me. Height
79.   Cl(i) = Me. Controls(i). Left / Me. Width
80.   Ct(i) = Me. Controls(i). Top / Me. Height
81.   Fn(i) = Me. Controls(i). FontSize / Me. Width
82.   Next i
83.   '设置表格
84.   With Me. MSFlexGrid1
85.   . Width = 4000
86.   . Height = 3100
87.   . Cols = 3
88.   . Rows = 7
89.   . Font. Bold = True
90.   . BackColorBkg = vbWhite
91.   . BackColorFixed = vbWhite
92.   . ColAlignment(0) = 4
93.   . ColAlignment(1) = 4
94.   . ColAlignment(2) = 4
95.   '设置表格第一列
96.   . Col = 0
97.   . Row = 0
98.   . Text = "项目"

99.   .Row = 1
100.   .Text = "滑块位移"
101.   .Row = 2
102.   .Text = "滑块速度"
103.   .Row = 3
104.   .Text = "转速 "
105.   .Row = 4
106.   .Text = " "
107.   .Row = 5
108.   .Text = " "
109.   '设置第二列
110.   .Col = 1
111.   .Row = 0
112.   .Text = "参数值"
113.   '设置第三列
114.   .Col = 2
115.   .Row = 0
116.   .Text = "单位"
117.   .Row = 1
118.   .Text = "毫米"
119.   .Row = 2
120.   .Text = "米/秒"
121.   .Row = 3
122.   .Text = "转/分"
123.   .Row = 4
124.   .Text = " "
125.   .Row = 5
126.   .Text = " "
127.   End With
128.   If in8load = False Then
129.   Call 数据一
130.   End If
131.   Text1.Text = 0
132.   End Sub
133.   Private Sub 机架()
134.   Picture1.AutoRedraw = True
135.   '画机架
136.   Picture1.Line(xa,ya)-(xa - 2 * r,ya - 5 * r),vbBlue
137.   Picture1.Line(xa,ya)-(xa + 2 * r,ya - 5 * r),vbBlue

138. Picture1.Line(xa − 3 * r,ya − 5 * r)−(xa + 3 * r,ya − 5 * r),vbBlue

139. Picture1.Line(xa − 2 * r,ya − 5 * r)−(xa − 3 * r,ya − 6 * r),vbBlue

140. Picture1.Line(xa,ya − 5 * r)−(xa − r,ya − 6 * r),vbBlue

141. Picture1.Line(xa + 2 * r,ya − 5 * r)−(xa + r,ya − 6 * r),vbBlue

142. Picture1.Line(xc,yc)−(xc − 2 * r,yc − 5 * r),vbBlue

143. Picture1.Line(xc,yc)−(xc + 2 * r,yc − 5 * r),vbBlue

144. Picture1.Line(xc − 3 * r,yc − 5 * r)−(xc + 3 * r,yc − 5 * r),vbBlue

145. Picture1.Line(xc − 2 * r,yc − 5 * r)−(xc − 3 * r,yc − 6 * r),vbBlue

145. Picture1.Line(xc,yc − 5 * r)−(xc − r,yc − 6 * r),vbBlue

147. Picture1.Line(xc + 2 * r,yc − 5 * r)−(xc + r,yc − 6 * r),vbBlue

148. Picture1.Line(xc − 600,ye)−(xc − 1300,ye),vbMagenta

149. '画坐标

150. Dim j,j1

151. Picture2.DrawWidth = 1.3

152. Picture2.Scale(−65,200)−(380,−200)

153. Picture2.Line(0,0)−(380,0),vbBlack

154. For j = 0 To 12

155. Picture2.Line(j * 30,0)−(j * 30,10)

156. Picture2.CurrentX = j * 30 − 10：Picture2.CurrentY = 0

157. 　　　Picture2.Print j * 30

158. Next j

159. '画横坐标

160. For j1 = 0 To 12

161. Picture2.Line(j1 * 30,−180)−(j1 * 30,−175)

162. Picture2.CurrentX = j1 * 30 − 10：Picture2.CurrentY = −188

163. 　　　Picture2.Print j1 * 30

164. Next j1

165. '画轨迹

166. Dim M

167. For M = 0 To 360

168. Picture1.Refresh

169. Picture1.PSet(xb(M),yb(M)),vbMagenta

170. Next M

171. 　Me.Picture1.AutoRedraw = False

172. End Sub

173. Private Sub 画杆(ByVal i As Single)

174. M3.e.Picture1.Cls

175. Picture1.CurrentX = xa + 2 * r：Picture1.CurrentY = ya + 6 * r

176. 　　　Picture1.Print "A"

177. Picture1.CurrentX = xb(i) + 2 * r: Picture1.CurrentY = yb(i) + 6 * r
178.   Picture1.Print "B"
179. Picture1.CurrentX = xc + 2 * r: Picture1.CurrentY = yc + 3 * r
180.   Picture1.Print "C"
181. Picture1.CurrentX = xd(i) + 2 * r: Picture1.CurrentY = yd(i) + 6 * r
182.   Picture1.Print "D"
183. Picture1.CurrentX = xe(i) + 2 * r: Picture1.CurrentY = ye + 6 * r
184.   Picture1.Print "E"
185. '画铰点
186. Picture1.Circle(xa,ya),r
187. Picture1.Circle(xb(i),yb(i)),r
188. Picture1.Circle(xc,yc),r
189. Picture1.Circle(xd(i),yd(i)),r
190. Picture1.Circle(xe(i),ye),r
191. '连杆
192. Picture1.Line(xa,ya)-(xb(i),yb(i))
193. Picture1.Line(xb(i),yb(i))-(xd(i),yd(i))
194. Picture1.Line(xc,yc)-(xd(i),yd(i))
195. Picture1.Line(xe(i),ye)-(xd(i),yd(i))
196. '画滑块
197. Picture1.Line(xe(i) - 6 * r,ye + 3 * r)-(xe(i) + 6 * r,ye + 3 * r)
198. Picture1.Line(xe(i) + 6 * r,ye + 3 * r)-(xe(i) + 6 * r,ye - 3 * r)
199. Picture1.Line(xe(i) - 6 * r,ye - 3 * r)-(xe(i) - 6 * r,ye + 3 * r)
200. Picture1.Line(xe(i) - 6 * r,ye - 3 * r)-(xe(i) + 6 * r,ye - 3 * r)
201. Picture1.Line(xe(i),ya - 800)-(xe(i),ya - 2000),vbMagenta
202. Picture1.ForeColor = vbBlack
203. End Sub
204. Sub 位移曲线图()
205. Picture2.Scale(-65,10 +(hmax - hmin))-(380,-30)
206. Picture2.DrawWidth = 1.8
207. Picture2.CurrentX = 60: Picture2.CurrentY =(hmax - hmin) * 0.96
208.   Picture2.Print "位移"
209. Picture2.Line(0,(hmax - hmin))-(0,0)
210. Dim j
211. For j = 0 To 10
212. Picture2.Line(0,j * ((hmax - hmin) / 10))-(5,j * ((hmax - hmin) / 10))
213. Picture2.CurrentX = 5: Picture2.CurrentY = j * ((hmax - hmin) / 10)
214.   Picture2.Print Format(Val(j * ((hmax - hmin) / 10)),"0")
215. Next j

216. Picture2.Line(0,0)-(380,0),vbBlack

217. Dim n

218. For n = 0 To 360

219. Picture2.PSet(n,xe(n) - hmin)

220. Next n

221. Picture2.ForeColor = vbBlack

222. End Sub

223. Sub 速度曲线图()

224. Picture2.Scale(-65,MAX(Abs(vmax),Abs(vmin)) * 1.1)-(380,-MAX(Abs(vmax),Abs(vmin)) * 1.1)

225. Picture2.DrawWidth = 1.4

226. Picture2.Line(0,MAX(Abs(vmax),Abs(vmin)))-(0,-MAX(Abs(vmax),Abs(vmin)))

227. Picture2.CurrentX = 60: Picture2.CurrentY = vmax * 0.86

228. Picture2.Print "速度"

229. Dim j

230. For j = -5 To 5

231. Picture2.Line(0,j * (vmax / 5))-(5,j * (vmax / 5))

232. Picture2.CurrentX = 9: Picture2.CurrentY = j * (vmax / 5)

233. Picture2.Print Format(Val(j * (vmax / 5)),"0.0")

234. Next j

235. Dim n

236. For n = 0 To 360

237. Picture2.PSet(n,v(n))

238. Next n

239. Picture2.ForeColor = vbBlack

240. End Sub

241. Sub 加速度曲线图()

242. Picture2.Scale(-65,MAX(Abs(amax),Abs(amin)) * 1.1)-(380,-MAX(Abs(amax),Abs(amin)) * 1.1)

243. Picture2.ForeColor = RGB(0,128,128)

244. Picture2.DrawWidth = 1.4

245. Picture2.Line(338,-amin)-(338,amin)

246. Picture2.Circle(55,amax * 0.7),r / 5

247. Picture2.CurrentX = 60: Picture2.CurrentY = amax * 0.73

248. Picture2.Print "加速度"

249. Dim j

250. For j = -5 To 5

251. Picture2.Line(338,j * (-amin / 5))-(333,j * (-amin / 5))

252.   Picture2.CurrentX = 320：Picture2.CurrentY = j * (-amin / 5) + 0.15
253.   Picture2.Print Format(Val(j * (-amin / 5)),"0")
254.   Next j
255. Dim n
256. For n = 0 To 360
257.   Picture2.PSet(n,a(n))
258. Next n
259.   Picture2.ForeColor = vbBlack
260. End Sub
261. Private Sub Picture2_MouseMove(Button As Integer,Shift As Integer,X As Single,Y As Single)
262.   GoTo 55
263.   If Button = 1 And X >= 0 And X <= 360 Then   'button=1 为按下鼠标左健
264.   Me.Picture2.MousePointer = 15   'mousePointer 为鼠标变为十字架
265.   Me.Line1.Visible = True
266.   Me.Line1.x1 = Val(Me.Text1.Text)
267.   Me.Line1.Y1 = Me.Picture2.ScaleTop
268.   Me.Line1.x2 = Val(Me.Text1.Text)
269.   Me.Line1.Y2 = Me.Picture2.ScaleTop + Me.Picture2.ScaleHeight
270.   Me.Text1.Text = Int(X)
271. Else
272.   Me.Picture2.MousePointer = vbDefault
273. End If
274.   55
275. End Sub
276. Private Sub 保存结果_Click()   '保存数据命令按钮
277. On Error GoTo 10
278.   Dim Wapp As Application
279.   Dim Pictu1 As String
280.   Dim Pictu2 As String
281.   Clipboard.Clear
282.   Call keybd_event(VK_SNAPSHOT,0,0,0)
283.   DoEvents
284.   With Me.CommonDialog1
285.   .DialogTitle = "保存机构运动分析图形"
286.   .Filter = " *.doc|*.doc"
287.   .InitDir = App.Path
288.   .ShowSave
289.   End With

290.   Pictu1 = Mid(Me. CommonDialog1. FileName,1,Len(Me. CommonDialog1. File-Name)-4) + "机构图. bmp"

291.   SavePicture Me. Picture1. Image,Pictu1

292.   Pictu2 = Mid(Me. CommonDialog1. FileName,1,Len(Me. CommonDialog1. File-Name) - 4) + "曲线图. bmp"

293.   SavePicture Me. Picture2. Image,Pictu2

294.   Set Wapp = CreateObject("Word. application")

295.   Wapp. Visible = True

296.   Wapp. Documents. Add

297.   Wapp. Selection. Paste

298.   Clipboard. Clear

299.   Clipboard. SetData LoadPicture(Pictu1)

300.   Wapp. Selection. Paste

301.   Clipboard. Clear

302.   Clipboard. SetData LoadPicture(Pictu2)

303.   Wapp. Selection. Paste

304.   DoEvents

305.   If Check1 Then Wapp. Selection. InsertFile(App. Path + " \位移速度加速度数据文件. txt")

306.   If Check2 Then Wapp. Selection. InsertFile(App. Path + " \内滑块速度数据文件. txt")

307.   Wapp. Selection. InsertAfter Format(Now," yyyy 年 mm 月 dd 日")

308.   Wapp. ActiveDocument. SaveAs(Me. CommonDialog1. FileName)

309.   Wapp. ActiveDocument. Close

310.   Wapp. Quit

311.   Set Wapp = Nothing

312.   Exit Sub

313. 10

314.   Me. CommonDialog1. FileName = " "

315. End Sub

316. Sub Picture2_Paint( )

317. Me. Picture2. Cls

318. Call 机架

319. Call 画杆(i)

320. If Check1. Value = 1 Then Call 位移曲线图

321. If Check2. Value = 1 Then Call 速度曲线图

322. End Sub

323. Private Sub Text1_Change( )

324.   If Val(Me. Text1. Text) > 360 Or Val(Text1. Text) < 0 Then _

325.　　　　Me.Text1.Text = 0
326.　　　　i1 = Val(Me.Text1.Text)
327. Call 画杆(i1)
328. Call 计算极值
329.　With Me.MSFlexGrid1
330.　　　　.Col = 1
331.　　　　.Row = 1
332.　　　　.Text = Format(Val(hmax - hmin),"0.00")
333.　　　　.Row = 2
334.　　　　.Text = Format(Val(v(i1)),"0.00")
335.　　　　.Row = 3
336.　　　　.Text = Format(Val(w1),"0.0")
337.　　　　End With
338.　　End Sub

'module1 通用程序
339. Public Const PI As Double = 3.14159265358979
340. Public Cw(35),Ch(35),Cl(35),Ct(35),Fn(35) 'sub 控件尺寸调节用数组
341. Public FirstTime As Boolean
342. Public i,i1 As Integer,ii As Integer
343. '定义第一环路变量
344. Public xa As Double,ya As Double
345. Public xb(360) As Double,yb(360) As Double
346. Public xd(360) As Double,yd(360) As Double
347. Public xc As Double,yc As Double
348. Public r As Double
349. Public x6 As Double,y6 As Double
350. Public l1 As Double,l2 As Double,l3 As Double
351. Public d As Double
352. Public Q As Double,s As Double
353. Public K As Double
354. Public F As Double,F1 As Double
355. Public F2 As Double,F3 As Double
356. Public in8load As Boolean
357. '定义第二环路变量
358. Public Q3 As Double
359. Public F30 As Double,F4 As Double,F5 As Double
360. Public l30 As Double,l4 As Double,l5 As Double
361. Public a1 As Double,a3 As Double,a4 As Double
362. Public xe(360) As Double,ye As Double

363. Public xf(360) As Double,yf(360) As Double
364. Public ff3 As Double
365. Public lbd As Double,lbe As Double
366. '定义第二环路变量
367. Public Q5 As Double
368. Public F50 As Double,F6 As Double
369. Public l50 As Double,l6 As Double,e As Double,ee As Double
370. Public xg(360) As Double,yg(360) As Double
371. Public xk As Double,yk(360) As Double,GF As Double
372. '定义角速度和角加速度变量
373. Public w1 As Double,w2 As Double,w3 As Double,w11 As Double
374. Public w4 As Double,w5 As Double,w6 As Double
375. Public E2 As Double,E3 As Double
376. Public E4 As Double,E5 As Double,E6 As Double
377. Public vk(360) As Double,ak(360) As Double
378. Public v(360) As Single,a(360) As Double
379. Public vv(360) As Single
380. '定义速度和角加速度变量
381. Public vbx As Double,vby As Double
382. Public vcx As Double,vcy As Double
383. '定义位移、角速度和角加速度最大值变量
384. Public hmax As Double,hmin As Double
385. Public vmax As Double,vmin As Double
386. Public amax As Double,amin As Double
387. Public Wn2 As Double,Wn3 As Double
388. WN4 As Double,Wn5 As Double,Wn6 As Double
389. Public En4 As Double,En5 As Double
390. Public aamax As Double,aa(360) As Double,aam As Double '定义最大压力角
391. Public v18_1 As Double,v18_2 As Double
392. Public j18_1 As Double,j18_2 As Double
393. Public j18 As Double
394. Public Sub 数据一()
395. r = 20: xa = 1300: ya = 800: x6 = 262: y6 = 470
396. l1 = 145: l2 = 297
397. l3 = 621: w11 = 14   '顺时针方向为正
398. w1 = w11 * PI * 2 / 60
399. ee = -60
400. l4 = 750
401. End Sub

第 9 章　压力机多连杆机构分析与仿真

```
402. '调节控件尺寸
403. Public Sub 调节窗口(frm As Form)
404. On Error Resume Next
405.   If FirstTime = False Then
406.     For i = 0 To frm.Controls.Count - 1
407.       Cw(i) = frm.Controls(i).Width / frm.Width
408.       Ch(i) = frm.Controls(i).Height / frm.Height
409.       Cl(i) = frm.Controls(i).Left / frm.Width
410.       Ct(i) = frm.Controls(i).Top / frm.Height
411.       Fn(i) = frm.Controls(i).FontSize / frm.Width
412.     Next i
413.   Else
414.     For i = 0 To frm.Controls.Count - 1
415.       frm.Controls(i).Width = Cw(i) * frm.Width
416.       frm.Controls(i).Height = Ch(i) * frm.Height
417.       frm.Controls(i).Left = Cl(i) * frm.Width
418.       frm.Controls(i).Top = Ct(i) * frm.Height
419.       frm.Controls(i).FontSize = Fn(i) * frm.Width
420.     Next i
421.   End If
422.   FirstTime = True
423. End Sub
424. Public Function Arctan(i As Double) As Double
425.   If(i >= 0) Then
426.     Arctan = Atn(i)
427.   Else
428.     Arctan = Atn(i) + PI
429.   End If
430. End Function
431. Public Function Arcsin(X As Double) As Double
432.   If X <> 1 And X <> -1 Then Arcsin = Atn(X / Sqr(-X * X + 1))
433.   If X = 1 Then Arcsin = PI / 2
434.   If X = -1 Then Arcsin = -PI / 2
435. End Function
436. Public Function Arccos(X As Double) As Double
437.   Arccos = Atn(-X / Sqr(-X * X + 1)) + 2 * Atn(1)
438. End Function
439. Public Sub 计算三个环路(i)
440. '计算第一环路
```

```
441.        d = Sqr(x6 ^ 2 + y6 ^ 2)
442. '判断曲柄存在条件
443. If l2 > l3 And l2 > d Then
444.        Mx = l2
445.        l31 = l3
446.        l41 = d
447. Else
448.     If l3 > l2 And l3 > d Then
449.        Mx = l3
450.        l31 = l2
451.        l41 = d
452.     Else
453.        Mx = d
454.        l31 = l2
455.        l41 = l3
456.     End If
457. End If
458. If l1 < l2 And l1 < l3 And l1 < d And l1 + Mx <= l31 + l41 Then
459.        GoTo 100
460. Else
461.     MsgBox("曲柄不存在")
462. End If
463. 100
464.     d = Sqr(x6 ^ 2 + y6 ^ 2)
465.     F1 = (i) * PI / 180
466.     Q = Atn(y6 / x6) '计算出的是弧度
467.     s = Sqr(l1 ^ 2 + d ^ 2 - 2 * l1 * d * Cos(F1 - Q))
468.     F = Arccos((l2 ^ 2 + s ^ 2 - l3 ^ 2) / (2 * l2 * s))
469.     'D 点坐标
470.     xc = xa + x6
471.     yc = ya + y6
472.     'B 点坐标
473.     xb(i) = xa + l1 * Cos(F1)
474.     yb(i) = ya + l1 * Sin(F1)
475.     F2 = F - Atn((yc - yb(i)) / (xc - xb(i)))
476.     'D 点坐标
477.     xd(i) = xc - l2 * Cos(F2)
478.     yd(i) = yc + l2 * Sin(F2)
479.     'E 点坐标
```

第9章 压力机多连杆机构分析与仿真

480. ye = yc + ee
481. xe(i) = xd(i) - Sqr(l4 ^ 2 -(yd(i) - ye) ^ 2)
482. '速度
483. vbx = w1 * l1 * Sin(F1)
484. vby = w1 * l1 * Cos(F1)
485. w2 =(-vbx *(xd(i) - xc) - vby *(yd(i) - yc))/((yd(i) - yc) *(xd(i) - xb(i)) -(yd(i) - yb(i)) *(xd(i) - xc))
486. w3 =(-vbx *(xd(i) - xb(i)) - vby *(yd(i) - yb(i)))/((yd(i) - yc) *(xd(i) - xb(i)) -(yd(i) - yb(i)) *(xd(i) - xc))
487. vdx = -w2 *(yd(i) - yc)
488. vdy = w2 *(xd(i) - xc)
489. w4 = vdx /(ye - yd(i))
490. v(i) =(vdy + w4 *(xe(i) - xd(i)))/ 1000
491. '计算加速度
492. 'abx = -w1 ^ 2 *(xb(i) - xa)
493. 'aby = -w1 ^ 2 *(yb(i) - ya)
494. 'P = -abx + w2 ^ 2 *(xc(i) - xb(i)) - w3 ^ 2 *(xc(i) - xd)
495. 'Q = -aby + w2 ^ 2 *(yc(i) - yb(i)) - w3 ^ 2 *(yc(i) - yd)
496. 'E2 =(P *(xc(i) - xd) + Q *(yc(i) - yd))/((xc(i) - xb(i)) *(yc(i) - yd) -(xc(i) - xd) *(yc(i) - yb(i)))
497. 'E3 =(P *(xc(i) - xb(i)) + Q *(yc(i) - yb(i)))/((xc(i) - xb(i)) *(yc(i) - yd) -(xc(i) - xd) *(yc(i) - yb(i)))
498. End Sub
499. '建立"数据文件.txt"以输出结果
500. Open App. Path + "\位移速度加速度数据文件.txt" For Output As #1
501. Print #1,""
502. Print #1,"曲柄转角(°)","滑块位移","速度 v","加速度 a"
503. Print #1,""
504. For i = 0 To 359
505.   Print #1,Format(Val(i),"0"),Format(Val(hmax - xe(i)),"0.00"),Format(Val(v(i)),"0.00")
506. Next i
507. 'Close #1
508. End Sub
509. Public Function MAX(x1 As Single,x2 As Single) As Single
510. MAX = x1
511. If x1 < x2 Then MAX = x2
512. End Function

程序说明：

第1~3行:定义 API 函数。
第4~6行:定义命令按钮1单击功能。
第7~37行:定义 check 单击功能。
第38~40行:定义停止按钮单击功能,使动画停止。
第52~58行:动画的快慢由 Slider1 控件的值控制,而且为 360 的整数倍。
第59~71行:参数设定、动画、返回按钮单击功能的实现。
第72~132行:加载 form_ load 窗体,内容设置。
第133~203行:在 picture1 中画机架和六杆机构图。
第204~260行:在 picture2 中画六杆机构的位移、速度和加速度曲线。
第276~315行:实现保存数据到 Word 文件的功能。
第339行:从339行开始为模块1的对应程序。
第282行:用 API 函数 keybd_ event 把屏幕上的活动窗体复制到剪贴板上,值得注意的是,Visual Basic 的 SendKeys 方法可以将一个或多个按键消息发送到活动窗口,就像在键盘上输入一样。但用此方法发送 Alt+PrtSc 按键,复制操作不会成功。

第284~289行:用 CommonDialog1 控件打开对话框。第288行说明了打开对话框的形式。CommonDialog1 有 ShowColor 和 ShowFont 等方法,可用于打开不同样式的对话框。

第290行:Me. CommonDialog1. FileName 返回操作者所输入的文件名,如在图中输入 "mecha",则 Me. CommonDialog1. FileName = "c:\我的应用程序\mecha. doc"。Mid 函数返回其中包含字符串中指定数量的字符,Len 函数返回其中包含字符串内字符的数目。该行 Pictu1 值为字符串 "c:\我的应用程序\mecha. bmp"。

第292行:把 Pictu1 中的曲柄滑块机构图存入 Word 文件,需要设置 Me. Picture1. Auto Redraw = True。

第294行:Set 语句将 Word 应用程序对象引用赋给变量 Wapp。

第295行:Word 界面显示。去掉该句不影响结果。

第297行:把剪贴板上的图像粘贴到 Word 文件。

第299行:将文件名(含路径)为 Pictu1 的图像文件粘贴到 Word 文件。

第302行:将 [c:\我的应用程序\资源文件\尺寸图. jpg] 文件发送到剪贴板上,然后粘贴到 Word 文件。

第305行:将 [c:\我的应用程序\资源文件\曲柄滑块数据文件. txt] 文件插入到 Word 文件。该文件在 Module1 中 "draw_ move" 子程序中生成。

第307行:把当前日期字符串插入到 Word 文件。Now 函数的作用是返回系统设置的日期和时间。

第9章 压力机多连杆机构分析与仿真

第311行：虽然在上一语句中已经关闭和退出 Word，还应用 Set Wapp = Nothing 语句释放 Word 程序所占用的内存。

第403~423行："调节窗口"子程序。程序设计时常常会遇到这样的问题：运行起来看似一切正常，但是当改变窗体大小，比如单击窗体右上角 、 按钮时，发现窗体内控件并不一起变化，使得控件相对窗体完全不成比例。

"调节窗口"子程序就是用来解决这一问题的。该子程序能够使窗体在改变大小时，窗体内各控件尺寸和字体与窗体一起自动改变大小。该子程序作为通用子程序，可写入 Module 模块中，在任何需要的窗体程序的 Form_Resize 事件中调用。调用时，只需把该窗体名称填入括号内即可。

第499~508行：将程序运行结果数据存入到文本文件"位移速度加速度数据文件.txt"。

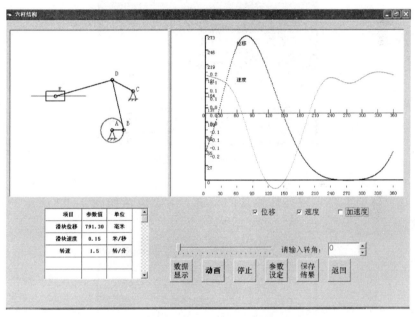

图 9-20 运行主界面

3. 数据显示窗体

该窗体主要实现原始参数及中间结果的实时显示，对应的代码如下所示，运行结果如图 9-21 所示。

```
Private Sub Command1_Click( )
Unload Me
End Sub
Private Sub Form_Activate( )
```

```
Me. Cls
With form2. Font
    . Bold = True
End With
Print "杆 AB 长度 = "; Format( Val(l1) ,"0.00mm" )
Print "杆 BC 长度 = "; Format( Val(l2) ,"0.00mm" )
Print "杆 CD 长度 = "; Format( Val(l3) ,"0.00mm" )
Print "曲柄角速度 = "; Format( Val(w11) ,"0.00mm/s" )
With form2. Font
    . Bold = False
End With
End Sub
```

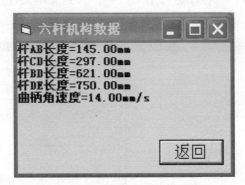

图 9-21　数据显示窗体运行状态

4. 参数设定窗体

该窗体中主要实现连杆参数的设定，主要包括如图 9-22 所示的八个参数。

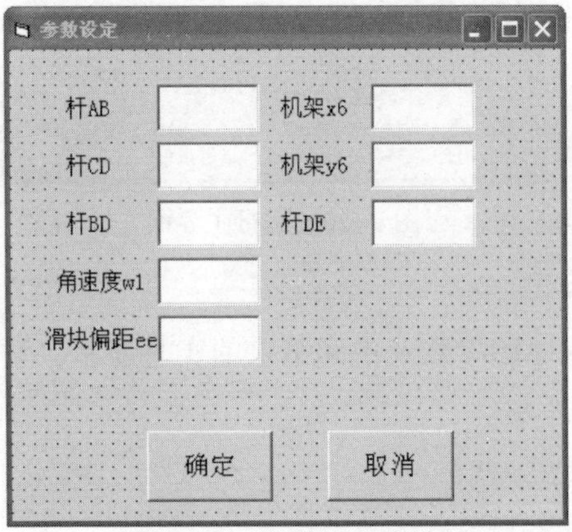

图 9-22　参数设定窗体

该窗体对应的程序代码如下，程序的运行结果如图 9-23 所示。

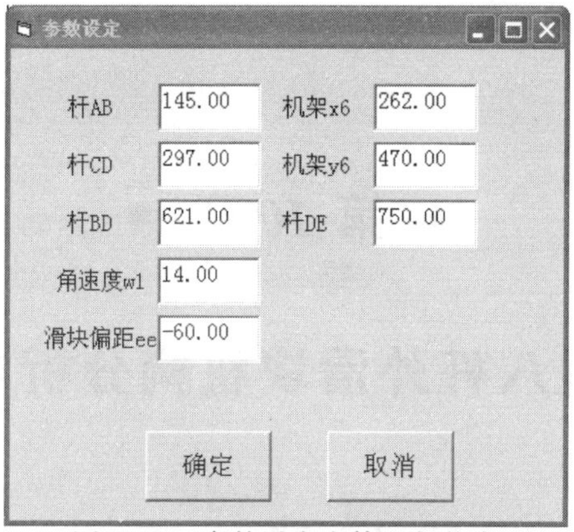

图 9-23 参数设定窗体运行状态

```
Private Sub Command1_Click()
    l1 = Val(Text1(0).Text)
    l2 = Val(Text1(1).Text)
    l3 = Val(Text1(2).Text)
    l4 = Val(Text1(3).Text)
    x6 = Val(Text1(8).Text)
    y6 = Val(Text1(9).Text)
    w11 = Val(Text1(12).Text)
    ee = Val(Text1(13).Text)
    Call 计算三个环路(i1)
    Unload Me
    Form1.Show
End Sub
Private Sub Command2_Click()
    Unload Me
    Form1.Show
End Sub
Private Sub Form_Load()
    Text1(0).Text = Format(Val(l1),"0.00")
    Text1(1).Text = Format(Val(l2),"0.00")
    Text1(2).Text = Format(Val(l3),"0.00")
    Text1(3).Text = Format(Val(l4),"0.00")
    Text1(8).Text = Format(Val(x6),"0.00")
    Text1(9).Text = Format(Val(y6),"0.00")
    Text1(12).Text = Format(Val(w11),"0.00")
    Text1(13).Text = Format(Val(ee),"0.00")
End Sub
```

第 10 章

压力机八杆外滑块机构分析与仿真

10.1 绪 论

压力机外滑块机构是多连杆机构，多连杆机构是目前国内外机械压力机发展的重要方向之一。

多连杆机构是现代压力机内、外滑块普遍采用的工作机构，外滑块在压力机工作中，主要起到压边的作用，在拉延大型复杂形状零件时，要有较大的压边力，有时还利用外滑块完成切边工艺。外滑块的压紧角最好取 100°~110°，内滑块工作行程开始前 10°~15°，外滑块压紧工件。为了使拉延工件不至于被卡在上模上［一般双动压力机的凸模（即上模）与内滑块相连，凹模（即下模）固定在工作台上］，外滑块应滞后于内滑块 10°~15°回程。外滑块的提前角和滞后角可以通过改变内外滑块曲柄夹角的方法来实现。

多连杆机构滑块工作行程较长且速度平稳，能很好地实现拉延工艺要求，多连杆机构作为压力机的工作机构，是压力机的关键部件之一，其设计水平的高低直接影响到工作机构性能的好坏，进而影响整机的性能以及拉延工件的质量等，在产品的设计阶段，对压力机工作机构进行运动分析，可以直观地检验工作机构工作行程的正确性及工作机构内、外滑块工作循环图的合理性；通过运动分析还可以直观地分析、优选设计方案，使产品的结构和性能更趋完善，因此，进行压力机多连杆机构的运动分析与优化设计对合理设计压力机工作机构具有重要作用。

本章使用 MATLAB 程序建立八杆外滑块机构的运动数学模型，描述八杆外滑块机构的运动特性。对复杂机构进行运动分析以及利用 MATLAB 工程可视化程序编程来研究外滑块八杆机构的运动特性，再通过分析影响外滑块机构的主要性能指标——压紧角，详细分析机构各个参数对压紧角的影响。为八杆外滑块机构的优化以及动力性能的分析奠定一定的基础，从而设计出比较优秀的机构。

第 10 章 压力机八杆外滑块机构分析与仿真

10.1.1 八杆外滑块工作原理

压力机外滑块一般由多连杆机构驱动,由连杆机构驱动的外滑块在夹紧角范围内只能作近似的停顿。机构的夹紧位置,实际上是连杆机构在极限位移附近摆动的位置,因而外滑块位移在夹紧角范围内有微量波动,波动量在设计时由技术要求规定取 0.03-0.05mm,实际夹紧角取 100°-110°。

夹紧力由压力机受力零件的弹性恢复力产生。在夹紧角范围内,外滑块的位移波动量应远小于压力机受力零件的弹性变形量。

如图 10-1 所示,ABCD 为曲柄摇杆机构。杆 AB 为曲柄,杆 BC 为连杆,杆 CD 是从动摇杆;DEFA 为双摇杆机构,杆 DE 为主动摇杆,杆 EF 为连杆,杆 FA 为从动摇杆;AGH 为摆动曲柄滑块执行机构,杆 AG 为主动摇杆,杆 GH 为滑块执行杆。

曲柄 AB 转动使其带动杆 BC,从而使杆 CDE 跟着转动,而 CDE 为铰链连接,而 D 点固定在机架上,使其跟着杆 AB 作圆周运动而运动,再通过杆 EF 带动 FAG 转动,A 点是固定点,而 FAG 用铰链连接,故带动杆 GH 转动,从而使滑块做上下直线往返运动。

这里要研究的对象就是滑块在上下直线往返运动过程中其滑块的位移、速度、加速度的变化,从而分析了影响外滑块机构的主要性能指标——压紧角,详细地分析机构各个参数对压紧角的影响,进而研究其存在的问题。

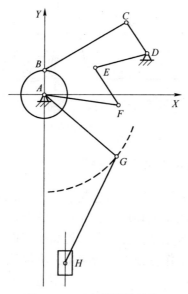

图 10-1 八杆外滑块结构

生成出 H 点的位移和速度如图 10-2 所示,加速度如图 10-3 所示。

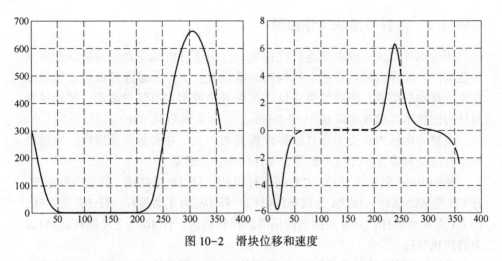

图 10-2 滑块位移和速度

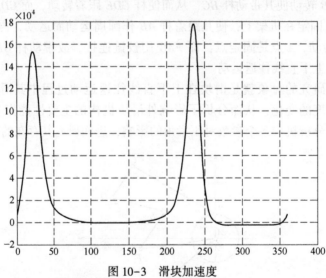

图 10-3 滑块加速度

10.1.2 八杆外滑块机构性能分析

在双动压力机中，为防止零件周边起皱，在内滑块开始拉深前，要求压边装置，即外滑块能够压紧毛坯周边，并且在整个拉深过程中，外滑块始终压紧毛坯，保证顺利实现整个拉深工艺，提高拉深件的工艺质量，所以要求压力机的外滑块在特定工作行程内保持稳定，将位移波动量作为评价外滑块工作机构的性能指标。

八杆外滑块的压紧角是指八杆外滑块机构在滑块到达下死点时，在允许的波动量范围内所停留的角度，又叫停顿角。外滑块的压力角的大小关系到内滑块拉伸工作区间的大小，影响到拉伸深度，所以也是评价外滑块工作机构的性能指标，如图10-4所示。

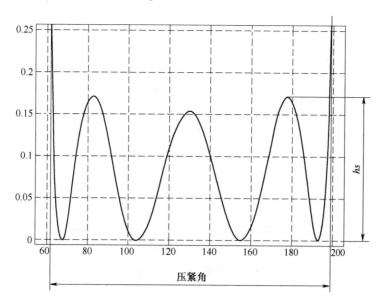

图10-4 显示为压紧角和波动量

10.2 构件尺寸对运动特性的影响

由于在计算杆件的尺寸时，机架尺寸、波动量大小、行程等参数都是人为输入，这些参数的合理性对八杆外滑块机构的性能有着重要的影响，因此有必要对这几个输入参数对机构的性能影响进行分析，以便更好地控制机构的性能，以达到工程的需求。首先主要讨论各输入量对外滑块机构的另一个性能因素——压紧角的影响。

1. 曲柄 AB 对压紧角的影响

图10-5 显示了曲柄 AB 对压紧角的影响。在其他参数不变的情况下，随着曲柄 AB 的增加，压紧角随之增加，但相对影响较小。

2. 连杆 BC 对压紧角的影响

图10-6 显示了杆 BC 对压紧角的影响。在其他参数不变的情况下，随着杆 BC 的增加，压紧角随之减少，但影响比较小。

3. 连杆 CD 对压紧角的影响

图10-7 显示了杆 CD 对压紧角的影响。在其他参数不变的情况下，随着

杆 CD 的增加，压紧角随之减少，但影响比较小。

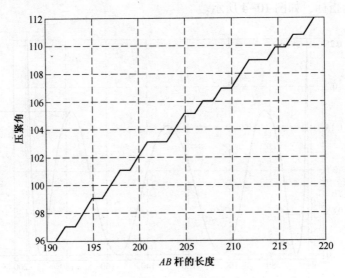

图 10-5　曲柄 AB 对压紧角的影响

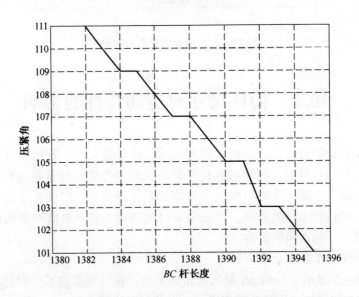

图 10-6　连杆 BC 对压紧角的影响

4. 连杆 FA 对压紧角的影响

图 10-8 显示了杆 FA 对压紧角的影响。在其他参数不变下，随着杆 FA 的增加，压紧角随之减少，但影响较小。

5. 连杆 AG 对压紧角的影响

图 10-9 显示了杆 AG 对压紧角的影响。随着杆 AG 的增加，压紧角随之减

第10章 压力机八杆外滑块机构分析与仿真

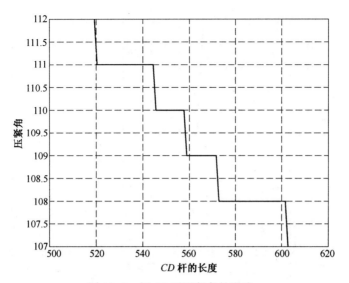

图 10-7 杆 CD 对压紧角的影响

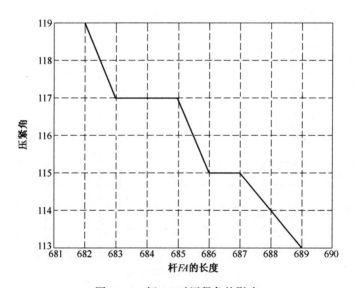

图 10-8 杆 FA 对压紧角的影响

小,但其变化较小,所以杆 AG 对压紧角影响较小。

6. 杆 GH 对压紧角的影响

图 10-10 显示了杆 GH 对压紧角的影响。随着杆 GH 的增加,压紧角随之减小,但其变化较小,所以杆 GH 对压紧角的影响较小。

7. 波动量对压紧角的影响

图 10-11 显示了波动量对压紧角的影响。随着波动量的增加,压紧角随

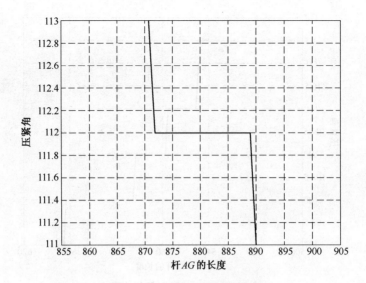

图 10-9　杆 AG 对压紧角的影响

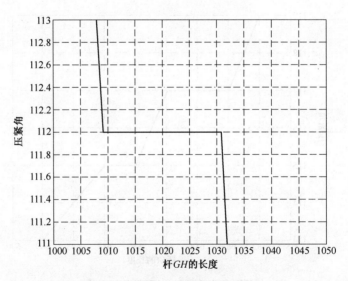

图 10-10　杆 GH 对压紧角的影响

之上升，可见波动量和压紧角两者不可兼得，要取得更小的波动量只能以小的压紧角来实现，要取得较大的压紧角，波动量就要增大。但是，这样也给出一个提示，那就是有时为了达到较大的拉伸深度，可以牺牲波动量的方式来实现这个目的。

8. Q5 对压紧角的影响

如图 10-12 所示为在不改变 hs = 0.04 的条件下改变 R50 和 R5 的夹角 Q5

第10章 压力机八杆外滑块机构分析与仿真

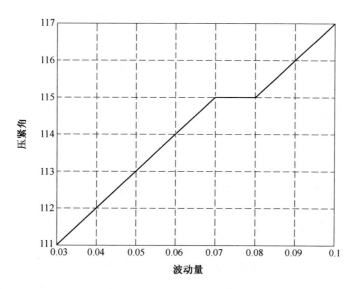

图 10-11 波动量对压紧角的影响

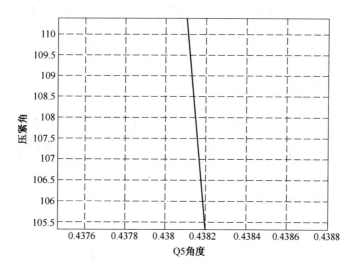

图 10-12 Q5 对压紧角的影响

对压紧角的影响。由图中可以看出随着 Q5 的增大,压紧角也随之减少。

9. Q30 对波动量的影响

如图 10-13 所示为在不改变其他数据的情况下,Q30 对波动量的影响。改变 Q30 的角度后,中间波峰有明显的变化,可以说明 Q30 对波动量有明显的影响,如图 10-14 所示。

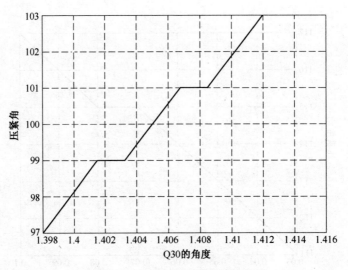

图 10-13　Q30 对波动量的影响

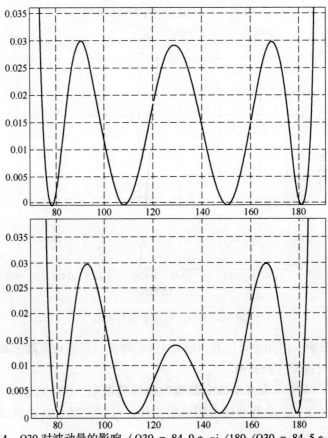

图 10-14　Q30 对波动量的影响（Q30 = 84.9 * pi /180 /Q30 = 84.5 * pi /180）

10. R4 对波动量的影响

如图 10-15 所示为在不改变其他数据的情况下，R4 对波动量的影响。改变 R4 的数据后，两边的波峰有明显的变化，可以说明 R4 对波动量有很大的影响，如图 10-16 所示。

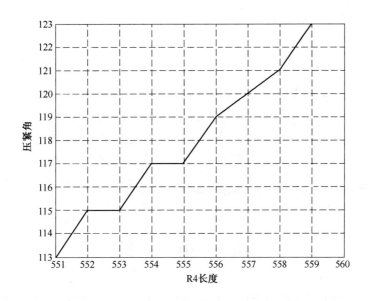

图 10-15　R4 对波动量的影响

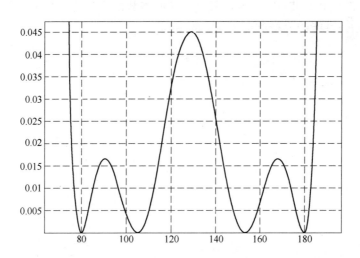

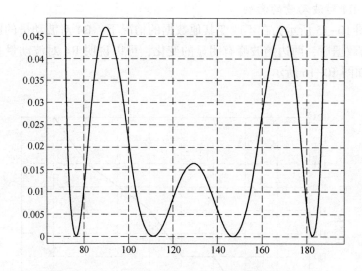

图 10-16　R4 对波动量的影响（R4 = 561.953/R4 = 563.953）

10.3　小　　结

波动量和压紧角作为评价八杆外滑块机构的性能指标，详细分析了各构件尺寸参数对性能指标的影响，得出位移波动量和角度 Q5 对压紧角的影响较大，R4 和 Q30 对波动量的影响较大，这些参数的设计为八杆外滑块机构的优化以及动力性能的分析奠定了一定的基础。

第11章

压力机八杆内滑块机构分析与仿真

11.1 八杆机构的可动性条件

如图 11-1 所示是一种典型的八杆机构图。为了便于分析,现把此机构划分为三个环路,第一环路由杆 AB、杆 BC、杆 CD 和机架 AD 组成;第二环路由杆 DE、杆 EF、杆 BF 和机架 AD 组成;第三环路由杆 AB、杆 BG、杆 GK 和铰点 A 到滑块中心的距离组成。要使得此机构满足给定的运动要求,必须在结构上满足曲柄存在的条件。由机械原理可知,铰链四杆机构的曲柄存在为:

1) 连架杆和机架中必有一杆为最短杆。
2) 最短杆和最长杆长度之和小于或等于其他两杆长度之和。

上述条件必须同时满足,否则机构不存在曲柄[52]。

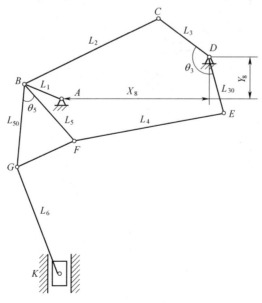

图 11-1 八杆机构图

对于八杆内滑块机构，如果让杆 AB 为曲柄，必须首先在由 ABCD 组成的第一环路中，满足杆 AB 最短，然后判断其余三杆中最长杆，杆 AB 长度加上最长杆之和应大于或等于另外两杆长度之和，那么第一环路构成曲柄摇杆机构。在由 ABDEF 组成的第二环路中，由于受第一环路的影响，第二环路的杆长需要满足一定的关系才能成立。要满足第二环路成立，杆 EF 和杆 FG 之和要大于 B 点到 E 点距离的最大值。那么就需要找出 B 点到 E 点距离的最大值，如图 11-2 所示。

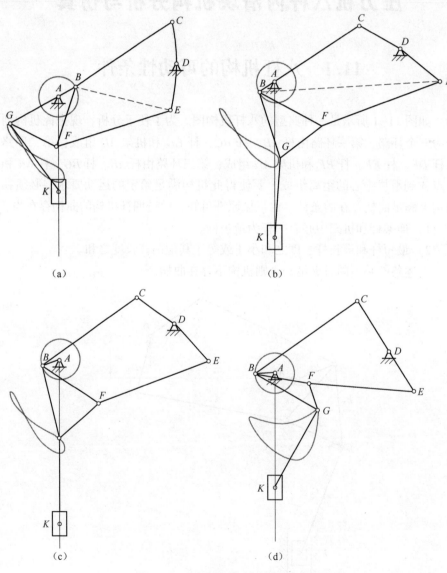

图 11-2　BE 距离最大时的机构位置

图 11-2 (a) 表示摇杆 CD 到达左极限位置时,杆 AB 和 BC 在一条直线上,同时 E 点到达 DE 杆的右极限位置;图 11-2 (b) 表示摇杆 CD 到达右极限位置时,杆 AB 和 BC 在一条直线上,同时 E 点到达 DE 杆的左极限位置;分别求得图 11-2 (a) 和图 11-2 (b) 中 BE 的距离,记为 mbe_1 和 mbe_2,然后比较两个值,把其中最大的记为 mbe_3。让 L_4 和 L_5 的长度满足 $L_4+L_5 \geq mbe_3$,程序仍然不能正常运行,结果证明 mbe_3 不是 B 点到 E 点距离的最大值。图 11-2 (c) 表示当角 BCD 为最大时的位置,经过证明这时 B 点到 E 点距离达到最大,记为 mbe。图 11-2 (d) 更明显地表示了 $L_4+L_5 \geq mbe$ 这个关系。

此外,如图 11-3 所示,在由 ABGK 组成的第三环路中,要使滑块正常在 A 点正下方垂直上下运动,需要使 G 点的横坐标减去机架 A 的横坐标的绝对值的最大值小于或等于杆 GK 的长度,即 $L_6 \geq G_X$。在这个基础上,滑块的最大压力角还应小于它的极限值。

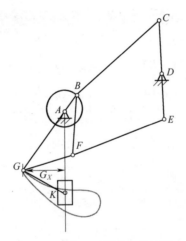

图 11-3　第三环路成立条件图

11.2　实例与仿真

掌握了机构的可动性条件,可以方便地建立机构的约束条件,为优化设计提供了可能。下面就第一环路曲柄存在条件进行了 VB 编程,程序如下。经过调试,程序运行正常,如图 11-4 所示,杆 CD 尺寸小于杆 AB 尺寸,不满足曲柄存在条件,其他条件也进行了编程,验证了程序和结论的正确性。

```
d = Sqr(x8 ^ 2 + y8 ^ 2)
'判断曲柄存在条件
```

基于Visual Basic的多连杆机构分析与仿真

```
If l2 > l3 And l2 > d Then
  Mx = l2: l31 = l3: l41 = d
Else
  If l3 > l2 And l3 > d Then
    Mx = l3: l31 = l2: l41 = d
  Else
    Mx = d: l31 = l2: l41 = l3
  End If
End If
If l1 < l2 And l1 < l3 And l1 < d And l1 + Mx <= l31 + l41 Then
  GoTo 100
Else
  MsgBox("曲柄不存在")
End If
```

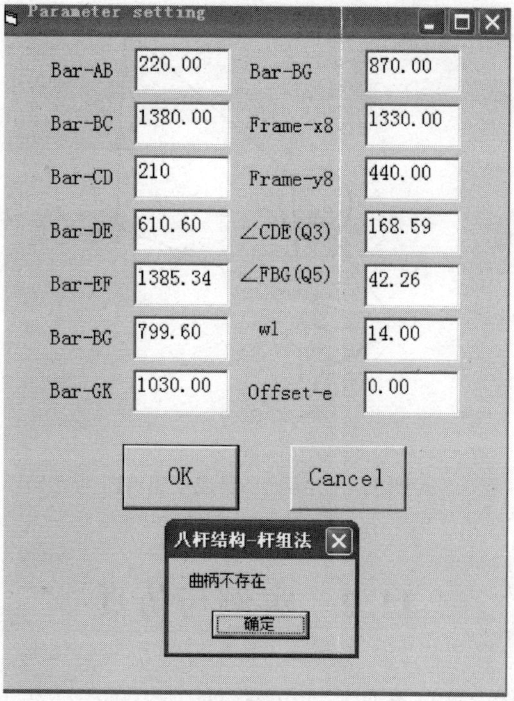

图 11-4 调试界面

根据平面八杆机构的可动性条件，设计了一平面八杆机构 $X_8 = 1330$mm，$Y_8 = 440$mm，$L_1 = 225$mm，$L_2 = 1451$mm，$L_3 = 442$mm，$L_{30} = 620$mm，$\theta_3(\angle CDE) = 172°$，$L_4 = 1420$mm，$L_5 = 831$mm，$L_{50} = 766.84$mm，$L_6 = 1128.2$mm，$e = 0$mm，$\theta_5(\angle GBF) = 35°$。

11.3 主要功能及界面

本软件可实现压延机构各杆长参数和几何参数的输入、修改；内外滑块运动的动画播放；可根据输入的各个数据计算、显示八连杆机构内滑块的位移、速度、加速度曲线和外滑块的位移、速度、加速度曲线，显示外滑块在压紧角内的位移波动曲线；进行八连杆机构内滑块的优化设计，根据给定的设计性能指标，进行多次优化，并输出各次优化的滑块速度曲线比较，选择合适的优化方案，输出优化方案的机构参数和运动学图线；输出曲柄各个位置对应的位移、速度、加速度数据到 Word 文档；杆件参数优化数据输出到 Excel 表格。基本的数据流向如图 11-5 所示，数据应用如图 11-6 所示。

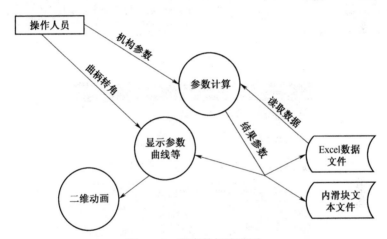

图 11-5　程序数据流程图

经过计算、VB 编程，主窗体如图 11-6 所示。该窗体能够实现的功能有：数据输出显示、动画仿真演示以及性能曲线同步显示、动画速度调节、鼠标拖动机构运动、任一位置机构图形和数据的显示、用 API 函数实现剪贴功能、窗体同控件同步改变大小、输出数据到文本文件、优化数据输出到 Excel 文件和链接到受力分析主窗口，使用户可以在一个界面中轻松完成机构的设计、性能分析和动态仿真等工作。

如图 11-7 所示的界面能够进行内滑块机构各参数的设定。

该功能的优化结果保存到 Excel 文件中，具体实现过程的程序如下所示：

rownum = Val(Combo1.Text)

Set Objadd = CreateObject("Excel.Application")

Set objBook = Objadd.Workbooks.Open(App.Path + "\optimization result")

基于Visual Basic的多连杆机构分析与仿真

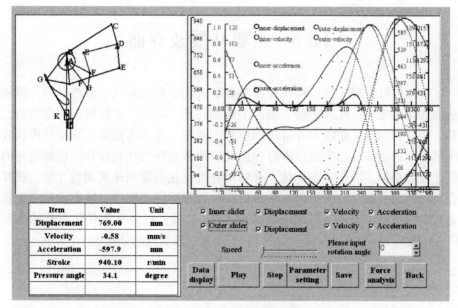

图 11-6　机构设计窗体

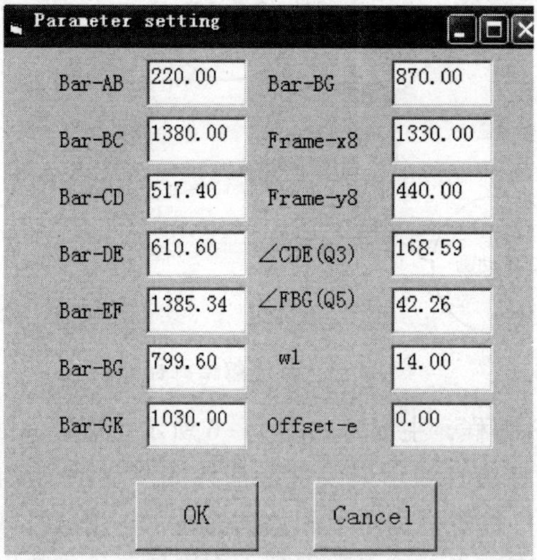

图 11-7　八杆内滑块机构参数设定界面

```
        Objadd. Visible = True
    Set Objsht = objBook. Worksheets(1)
        y8 = Val(Objsht. Cells(rownum,1). Value)
            L1 = Val(Objsht. Cells(rownum,2). Value)
            L3 = Val(Objsht. Cells(rownum,3). Value)
            L2 = Val(Objsht. Cells(rownum,4). Value)
```

Q3 = Val(Objsht. Cells(rownum,5). Value) * PI / 180
L30 = Val(Objsht. Cells(rownum,6). Value)
L4 = Val(Objsht. Cells(rownum,7). Value)
L5 = Val(Objsht. Cells(rownum,8). Value)
Q5 = Val(Objsht. Cells(rownum,9). Value) * PI / 180
L50 = Val(Objsht. Cells(rownum,10). Value)
L6 = Val(Objsht. Cells(rownum,11). Value)
h = Val(Objsht. Cells(rownum,18). Value)
ayh0 = Val(Objsht. Cells(rownum,19). Value)

11.4　八杆内滑块机构的运动分析

现代双动拉延压力机的工作机构，多采用多连杆机构传动，机构的组成形式很多，最常用的形式就是双驱动多连杆机构和连杆曲线形多连杆机构。本章内滑块机构采用双驱动多连杆机构，外滑块机构采用串接四连杆型机构。

11.4.1　工作过程对内滑块的要求

从板料拉深成型过程的分析可知，从上模与工件接触开始至拉深完成的工作过程中，压力机滑块运行速度必须适应板料的拉深特性，即必须将滑块运行速度控制在一定范围内（一般为 18~20/min），以减少冲击，提高模具的使用寿命和制件质量。而在上模与制件接触之前（滑块下行）及拉深作业完成之后（滑块返程上行），为提高生产效率必须要求压力机具备快速接近制件与快速脱离制件的功能[34,35]。简而言之，对内滑块的要求就是：工作行程速度低而匀速，空行程速度提高。

11.4.2　机构的位移、速度、加速度计算

在多杆压力机设计中，由于构件数较多，所以如何选择各杆尺寸，以保证滑块具有符合工艺要求的最佳运动特性，成为设计中的关键问题[39-41]。本节对机构的运动分析采用的方法是杆组法。利用杆组法对八杆内滑块机构的位移、速度、加速度求解如下。

1) 建立坐标系，如图 11-8 所示。
2) 将机构拆成杆组，如图 11-9 所示。
3) 确定各双杆组的位置系数 M。对于构件 2 和 3 组成的 RRR 双杆组，$M=+1$；对于 4、5 组成的 RRR 双杆组，$M=+1$；对于构件 5 组成的 RRR 双杆组，$M=+1$；对于构件 6、7 组成的 RRP 双杆组，因为 $\angle GKA$ 小于 90°，$M=$

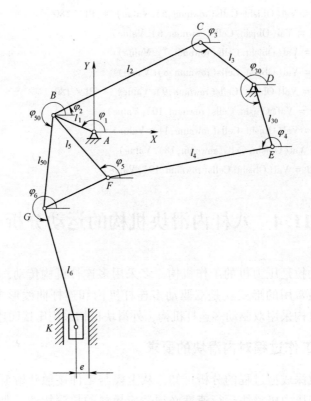

图 11-8 八杆内滑块机构

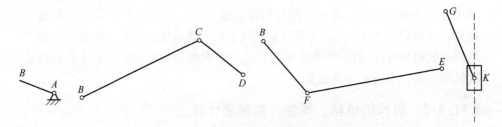

图 11-9 拆分成杆组形式

+1。

4)画出计算流程图。根据流程图编制主程序上机计算,该八杆机构的程序流程图如图 11-10 所示。

5)曲柄 AB 单杆构件的计算。求得 B 点的位置,如式(11-1)所示;速度如式(11-2)所示。

$$\begin{cases} x_B = L_1\cos\varphi_1 \\ y_B = L_1\sin\varphi_1 \end{cases} \tag{11-1}$$

第 11 章 压力机八杆内滑块机构分析与仿真

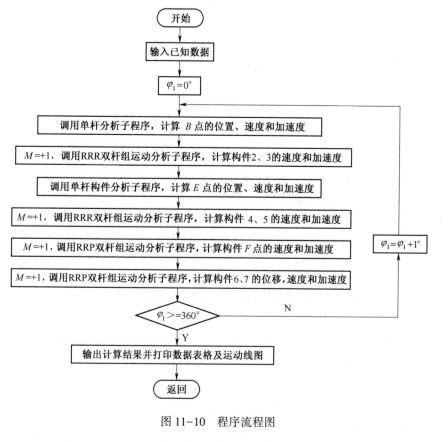

图 11-10 程序流程图

$$\begin{cases} v_{Bx} = -\omega_1(y_B - y_A) \\ v_{By} = \omega_1(x_B - x_A) \end{cases} \tag{11-2}$$

式中，速度是对位置方程中的时间求导所得，对速度方程中时间求导即得加速度方程，如式（11-3）所示。具体求解过程见第 9.2 节的计算方法。

$$\begin{cases} a_{Bx} = -\omega_1^2(x_B - x_A) \\ a_{By} = -\omega_1^2(y_B - y_A) \end{cases} \tag{11-3}$$

6) 求 C 点的运动参数。杆 BC 和杆 CD 构成 RRR 杆组。C 点的位置方程如式（11-4）所示，速度方程如式（11-5）所示，加速度方程如式（11-6）所示。具体求解过程见 9.2 节的计算方法。

$$\begin{cases} x_C = x_B + L_2\cos\varphi_2 \\ y_C = y_B + L_2\sin\varphi_2 \end{cases} \tag{11-4}$$

$$\begin{cases} v_{Cx} = v_{Bx} - \omega_2(y_C - y_B) \\ v_{Cy} = v_{By} - \omega_2(x_C - x_B) \end{cases} \tag{11-5}$$

基于Visual Basic的多连杆机构分析与仿真

$$\begin{cases} a_{Cx} = a_{Bx} - \omega_2^2(x_C - x_B) - \varepsilon_2(y_C - y_B) \\ a_{Cy} = a_{By} - \omega_2^2(y_C - y_B) - \varepsilon_2(x_C - x_B) \end{cases} \quad (11-6)$$

7) 求 E 点和 F 点的运动参数。首先，把 DE 杆看成单杆构件，可求得 E 点的位置、速度、加速度。由于 EF 杆和 BF 杆构成 RRR 双杆组，其中，B 点和 E 点的运动参数已知，可由以上 RRR 双杆组方法求得 F 点的位置、速度和加速度。

8) 求 G 点的运动参数。可以把杆 BFG 看成三个杆件 BF、FG、GB，构成 RRR 双杆组，B 点和 F 点的运动参数已求出，从而可以求得 G 点的运动参数。

9) 求 K 点的运动参数。杆 GK 和滑块组成 RRP 双杆组。但滑块的横坐标已知，即偏距。可以把杆 GK 看作单杆构件，由单杆构件位置方程即可求得 K 点位置的纵坐标，进而求得 K 点的速度和加速度。

11.5 八杆内滑块机构的动力分析

对机构进行系统动力学分析，有两种分析类型，一种是通过已知机构的驱动力和输入转矩，对机构的运动情况进行分析求解；另一种是已知机构的运动情况，求解机构的驱动力或力矩以及各个运动副的反力。

对八杆压力机的动力学研究是根据多连杆机构的运动学研究已经得出的机构的运动情况，来求解八杆机构中各个杆的受力情况以及各个运动副的约束反力，得出各个杆件在正常工作时的受力情况，以便分析机构的整体性能及各构件的强度。

11.5.1 八杆压力机动力学分析的方法

根据研究对象的运动状态及构件的刚性程度的不同，对机构进行动力学分析的方法可以分为四种：静力分析、动力分析、动态静力分析及弹性动力分析。下面对四种分析方法的不同适用情况做简单介绍。

对于一些运动速度较低的机械，也称低速机械，由于其惯性力较小，可以忽略不计，因此可以采用静力分析的方法来求解其驱动力及约束反力；对于原动件不能保持作匀速转动的机构，要采用动力分析的方法对整个机构（包括原动件）进行动力学分析；对于运动速度较高的机械及重型机械，由于其惯性力太大，不能忽略，应该采用动态静力分析的方法，在分析机构受力时加入运动过程中产生的惯性力及惯性力矩，再由静力分析方法对机构进行力学分析。

第11章　压力机八杆内滑块机构分析与仿真

上述三种方法都是在将构件假设为刚性构件的基础上进行分析的，但是对于机构中柔性较大的弹性构件应该采用弹性动力学分析方法对其进行动力学分析。综上，动力学分析的四种方法都有其特定的使用条件，要根据所要分析的机械系统的不同特点，合理选择适合的分析方法。四种动力学分析方法的比较及其适用情况如表11-1所示。

表11-1　四种动力学分析方法比较

动力学分析方法	原动件是否匀速	机构运动快慢	是否忽略惯性力	构件是否刚性
静力分析	是	很慢	是	是
动态静力分析	是	快	否	是
动力分析	否	快	否	是
弹性动力分析	—	—	—	否

动态静力分析的主要原理是根据达朗贝尔原理，将惯性力和惯性力矩算入静力学平衡方程中，然后求机构上的载荷和运动副上的反作用力。

达朗贝尔原理：作用在一个物体上的主动力 F、约束反力 F_N 和惯性力 F_I 能够达到平衡，亦可称为作用在一个物体上的所有外力与动力的反作用力达到完全平衡。其表达式如下：

$$F + (-ma) + N = 0$$

式中，m 为物体的质量，a 为物体的加速度，F 为物体所受的直接外力，N 为物体所受的约束反力，若物体没有约束，则 N 也相应地为 0，上式也可以改写为：

$$F - ma = 0$$

达朗贝尔的重要意义：
1）达朗贝尔原理可以将动力学问题从形式上简化成静力学问题来分析。
2）达朗贝尔原理可以与虚空原理结合，可以列出动力学的普遍方程。
3）对于刚体的平面运动，可以利用静力学的方法来分析研究问题，使问题简单化。
4）达朗贝尔原理为分析力学打下了一定的基础。

本章针对八杆内滑块压力机进行动力分析，由于压力机的原动件曲柄在电机的带动下作匀速转动，而且工作过程中运行速度较大，惯性力不可忽略，而且多连杆机构的运动学研究已经对八杆机构进行了运动学分析，即机构的运动情况已知。在主动件等速回转情况下，根据实际需要假定作用在主动件上的驱动力和从动件上的阻力，求出各运动副的反力和主动件的平衡力矩，再针对每个构件的受力情况，选用合适的材料，设计出每个杆件的形状和大小，然后校验各杆的强度。经过不断校验，具体设计出每个杆件。所以，受力分析是必不可少的步骤。本章主要是对各杆件的受力情况进行分析。

11.5.2 八杆内滑块机构的受力计算

一是确定运动副反力。

首先要将八杆内滑块机构拆开成独立的杆件，如图 11-11 所示。然后对每个具体的杆件进行受力分析。

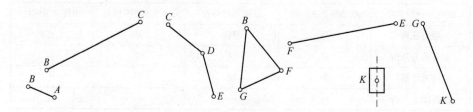

图 11-11 拆分的杆件

由图 11-11 可知，B 处是复合铰链，它的连接情况就有三种可能。第一种是杆 AB 和杆 CDE 都以杆 BGF 为轴连接；第二种是杆 BGF 和杆 CDE 都以杆 AB 为轴连接；第三种是杆 BGF 和杆 AB 都以杆 CDE 为轴连接。

下面以第一种为例进行分析，不考虑各运动副的摩擦力和摩擦转矩，如图 11-12 所示，分别求各运动副的约束反力。其余两种情况依照第一种进行分析。

1）滑块的受力情况。在忽略摩擦力和摩擦转矩的情况下，滑块在四个力 G、F_r、F_{87} 和 F_{67} 的作用下处于平衡状态，根据 $\begin{cases} \sum X = 0 \\ \sum Y = 0 \end{cases}$，求得式（11-7）和式（11-8）：

$$F_{67} = (F_r - G)/\cos \varphi_a \qquad (11-7)$$

$$F_{87} = F_{67} \sin \varphi_a \qquad (11-8)$$

式中，G 为滑块的重力；F_r 为工件给滑块的反作用力；F_{67} 为杆件 GK 给滑块的作用力；F_{87} 为导轨给滑块的作用力；φ_a 为压力角。

2）分析杆件 BGF。根据平衡状态的物体转矩为零，即 $\sum M = 0$，分析杆件 BGF 的受力。杆件 BGF 上的所有力对 B 点取转矩，得到式（11-9）：

$$F45 = (F_{67} \cdot \sin\varphi_a \cdot |y_b - y_g| + M \cdot F_{67} \cdot |x_b - x_g| \cdot \cos\varphi_a)/$$
$$(|y_f - y_b| \cdot \cos\varphi_4 + |x_f - x_b| \cdot \sin\varphi_4) \qquad (11-9)$$

式中，$F45$ 为杆件 EF 对杆件 BGF 的约束反力；x_b、y_b 为 B 点的横坐标和纵坐标；x_g、y_g 为 G 点的横坐标和纵坐标；x_f、y_f 为 F 点的横坐标和纵坐标。

如果 $x_b < x_g$，那么 $M = -1$；否则 $M = 1$。由于杆 EF 是二力杆，所以满足

$F_{34}=F_{54}$,而 F_{43} 与 F_{34} 和 F_{45} 与 F_{54} 是作用力与反作用力,所以 $F_{34}=F_{43}$, $F_{45}=F_{54}$。

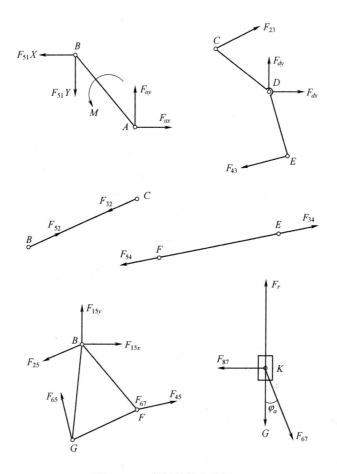

图 11-12 各杆件静力分析

3)分析杆件 CDE。由 $\sum M=0$,对 D 点取转矩,可以求得式(11-10):

$$F_{23} = F_{45}\mid y_d - y_e\mid \cos\varphi_4 + F_{45}\mid x_d - x_e\mid \sin\varphi_4 /$$
$$(\mid y_d - y_c\mid \cos\varphi_2 + \mid x_d - x_c\mid \sin\varphi_2) \qquad (11\text{-}10)$$

再根据 $\begin{cases} \sum X = 0 \\ \sum Y = 0 \end{cases}$,求得式(11-11)和式(11-12):

$$F_{d_x} = -F_{23}\cos\varphi_2 + F_{45}\cos\varphi_4 \qquad (11\text{-}11)$$
$$F_{dy} = F_{45}\sin\varphi_2 - F_{23}\sin\varphi_4 \qquad (11\text{-}12)$$

同样，对于杆件 BGF，也有 $\begin{cases} \sum X = 0 \\ \sum Y = 0 \end{cases}$，求得式（11-13）、式（11-14）和式（11-15）：

$$F_{15_x} = F_{23}\cos\varphi_2 - F_{67}\sin\varphi_a + F_{45}\cos\varphi_4 \quad (11\text{-}13)$$

$$F_{15_y} = F_{23}\sin\varphi_2 - F_{67}\cos\varphi_a + F_{45}\sin\varphi_4 \quad (11\text{-}14)$$

$$F_{15} = \sqrt{F_{15_x}^2 + F_{15_y}^2} \quad (11\text{-}15)$$

根据 F_{15_x} 和 F_{15_y} 的方向来判断 F_{15} 的方向。由于杆 BC 为二力杆，所以 $F_{25} = F_{23}$。

式中，F_{23} 为杆件 BC 对杆件 CDE 的约束反力；F_{25} 为杆件 BC 对杆件 BGF 的约束反力；$F15_x$ 为曲柄 AB 对杆件 BGF 在 X 轴方向的约束反力；$F15_y$ 为曲柄 AB 对杆件 BGF 在 Y 轴方向的约束反力；F_{dx} 为机架对运动副 D 在 X 轴方向的约束反力；F_{dy} -机架对运动副 D 在 Y 轴方向的约束反力；xc、yc 为 C 点横坐标和纵坐标；xd、yd 为 D 点横坐标和纵坐标；xe、ye 为 E 点的横坐标和纵坐标；xf、yf 为 F 点的横坐标和纵坐标。

（4）分析杆件 CDE。根据作用力与反作用力原理有式（11-16）成立：

$$\begin{cases} F_{15x} = F_{51x} \\ F_{15y} = F_{51y} \end{cases} \quad (11\text{-}16)$$

由 $\sum M = 0$，对 A 点取转矩，可以求得式（11-17）：

$$M_A = -(F_{15y}\mid x_b - x_a\mid + F_{15x}\mid y_b - y_a\mid) \quad (11\text{-}17)$$

根据 $\begin{cases} \sum X = 0 \\ \sum Y = 0 \end{cases}$，求得式（11-18）：

$$\begin{cases} F_{ax} = F_{15x} \\ F_{ay} = F_{15y} \end{cases} \quad (11\text{-}18)$$

式中，M_A 为曲柄 AB 的转矩；F_{ax} 为机架给曲柄在 X 轴方向的约束反力；F_{ay} 为机架给曲柄在 Y 轴方向的约束反力。

11.5.3 实例分析

给定一组八杆内滑块机构的杆长和机架数据，$X_8 = 1330$mm，$Y_8 = 440$mm，$L_1 = 225$mm，$L_2 = 1451$mm，$L_3 = 442$mm，$L_{30} = 620$mm，$\theta_3 = 172°$，$L_4 = 1420$mm，$L_5 = 831$mm，$L_{50} = 766.84$mm，$L_6 = 1128.2$mm，$e = 0$mm，$\theta_5 = 35°$，$G = 3$kN，$F_r = 0$kN，即滑块重 3kN，载荷为零。根据曲柄转过不同角度，得到不同位置的受力值大小，绘出各运动副反力曲线图。图 11-13 表示 F_{23} 的受力曲线图。图 11-14 表示 F_{67} 的受力曲线图。

第 11 章　压力机八杆内滑块机构分析与仿真

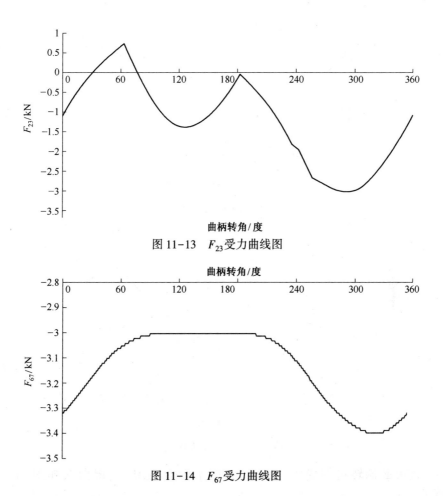

图 11-13　F_{23} 受力曲线图

图 11-14　F_{67} 受力曲线图

图 11-15 表示 F_{45} 的受力曲线图，图 11-16 表示 F_{87} 的受力曲线图，图 11-17 表示 F_{15} 的受力曲线图。

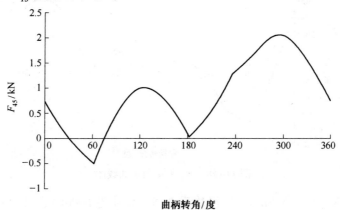

图 11-15　F_{45} 受力曲线图

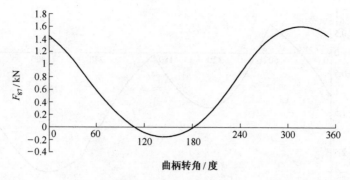

图 11-16　F_{87} 受力曲线图

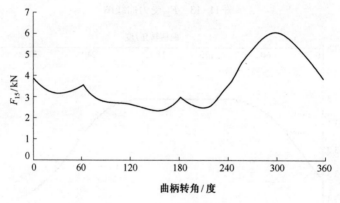

图 11-17　F_{15} 受力曲线图

随着曲柄转角的变化，曲柄 AB 的平衡力矩 M_A 情况曲线如图 11-18 所示。

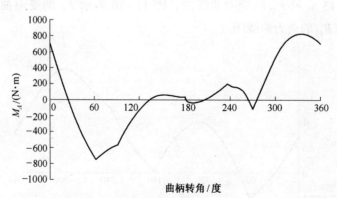

图 11-18　M_A 平衡力矩曲线图

$G = 3\text{kN}$，$F_r = 6000\text{kN}$，即滑块重 3kN，载荷为 6000kN，其余参数不变。

根据曲柄转过不同角度，得到不同位置的受力值大小，绘出各运动副反力曲线图。图 11-19 表示 F_{23} 的受力曲线图。

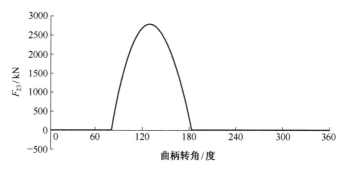

图 11-19　F_{23} 受力曲线图

图 11-20 表示 F_{67} 的受力曲线图，图 11-21 表示 F_{45} 的受力曲线图，图 11-22 表示 F_{87} 的受力曲线图。

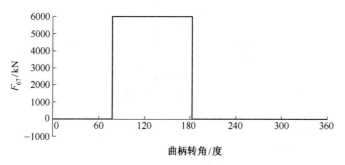

图 11-20　F_{67} 受力曲线图

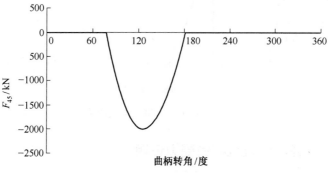

图 11-21　F_{45} 受力曲线图

图 11-23 表示 F_{15} 的受力曲线图，图 11-24 表示曲柄 AB 的平衡力矩 M_A 曲线图。

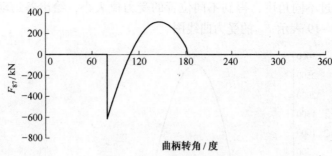

图 11-22　F_{87} 受力曲线图

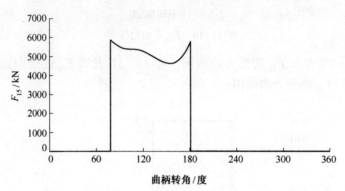

图 11-23　F_{15} 受力曲线图

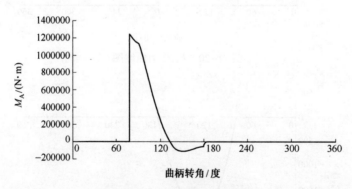

图 11-24　M_A 平衡力矩曲线图

11.5.4　八杆内滑块机构的受力证明

为了验证所求受力值的正确性，用 VB 编制了相应的程序，根据力的封闭性，如果每个杆件的受力能够封闭，说明结果正确，否则是错误的。程序运行证明，在曲柄的整周回转过程中，每个构件的受力图都是封闭的，从而证明了所求力的正确性。

通过对八杆内滑块机构的静力分析，对材料的适当选取及杆件的大小形状的估计奠定了一定的基础。

11.6 本章小结

双动压力机多杆机构的运动分析中，建立滑块位移、速度和加速度与曲柄转角间的函数关系是比较繁琐的问题。采用杆组法进行运动分析计算，编程容易，且计算精度高，特别是将计算机图形显示技术引入多杆机构的运动分析之中，使设计者快速直观地看到设计效果，合理选取结构参数，是一种有效且可行的机构设计方法。这种方法也适用于其他压力机多杆机构的运动分析。

参 考 文 献

[1] P. L. Tso, K. C. Liang. A Nine-Bar Linkage for Mechanical Forming Press [J]. International Journal of Machine Tools and Manufacture, 2002, (42): 139-145

[2] R. Du, W. Z. Guo. TheDesign of A New Metal Forming Press with Controllable Mechanism [J]. Journal of Mechanical Design, Transactions of ASME, 2003, 125 (3): 582-592

[3] 周克媛. 拉延压力机拉延机构优化设计 [D]. 青岛建筑工程学院硕士学位论文, 2001: 4-5

[4] 何德誉. 曲柄压力机 [M]. 北京: 机械工业出版社, 1987: 293

[5] 袁健, 张文霞, 隋树林. 遗传算法在非线性规划中的应用 [D]. 中国科技论文在线, 2004: 1-6

[6] 陈杰平, 郭昌鹏. 四杆机构计算机仿真软件开发研究 [J]. 湖南理工学院学报 (自然科学版), 2004, 17 (1): 56-60

[7] 于珊珊, 徐尚德, 雷君相. 多连杆机构分析和虚拟样机技术的发展 [J]. 机械设计与制造, 2004: 118-119

[8] Lin jun, Huang maolin. Dimension synthesis for higher-order kinematic parameters and self-adjustability design of planar linkage mechanisms. DETC2005: ASME International Design Engineering Technical Conferences and Computers and Information in Engineering Conference, Long Beach, CA, United States. American Society of Mechanical Engineers, New York, United States, 2005: 297-305

[9] H. Yang, D. Xue, Y. L. Tu. Modeling of non-linear relations among different design evaluation measures for multi-objective design optimization. DETC2005: ASME International Design Engineering Technical Conferences and Computers and Information in Engineering Conference, Long Beach, CA, United States. American Society of Mechanical Engineers, New York, United States, 2005: 253-263

[10] 何宇鹏, 赵升吨, 王军, 等. 机械压力机一种新型低速锻冲机构及其运动特性的数值模拟 [C]. 首届锻压装备与制造技术论坛, 全国锻压设备委八届一次学术研讨及产品信息交流会议论文集. 广州, 2004: 88-89

[11] 傅群峰, 杨华明. 用遗传算法优化多杆压力机的工作机构 [J]. 江西冶金, 2000, 20 (5): 30-38

[12] 欧阳克诚. 四摇杆式液压泥炮机构优化设计 [J]. 冶金设备, 2000, 21 (1): 46-48

[13] 李学荣, 李乃拓. 多杆机构复杂运动分析与自动设计 [J]. 长沙交通学院学报, 2000, 16 (1): 18-21

[14] 王恩福, 徐海涛. 多连杆机构在宽工作台闭式单点压力机中的应用 [J]. 机电工程技术, 2001, (7): 47-48

[15] 高虹, 尚锐, 王伟. 含有Ⅳ级杆组铰链平面连杆机构的运动分析方法 [J]. 机械设计与制造, 2001, (5): 51-52

[16] W. Voelkner. Present and Future Developments of metal forming: Selected Examples. Journal

of Materials Processing Technology, 2000, (106): 236-242

[17] 刘雪莹. 多连杆双动压力机杆系的性能分析及设计 [D]. 燕山大学工学硕士学位论文, 2004: 10-11

[18] 陈立周, 机械优化设计方法 [M]. 北京: 冶金工业出版社. 2005: 209-213

[19] 徐学忠, 董丽. 双动拉深压力机外滑块机构的优化设计 [J]. 宁夏工学院学报 (增刊), 1998: 27-29

[20] 张晋西. Visual Basic 与 AutoCAD 二次开发 [M]. 北京: 清华大学出版社, 2002: 1-208]

[21] 中国机械工程学会锻压学会. 锻压手册 (第三卷) 锻压车间设备 [M]. 第二版. 北京: 机械工业出版社, 2002: 248-250

[22] 黄茜. 特殊要求压力机的计算机辅助设计 [D]. 华南理工大学工学硕士学位论文, 2002: 1-9

[23] Wei Hu, D. W Marhefka, D. E. Orin. Hybrid kinematic and dynamic simulation of running machines, robotics, 2005, (21): 490-497

[24] T. Aoki, S. Nakayama, M. Yamamoto, et al. Combinatorial scheduler: simulation and optimization algorithm, Simulation Conference, Proceedings, 1991: 280-288

[25] 赵开吨, 王二郎, 闫伍超, 等. 曲柄连杆机构运动过程动画 VB 编程的实现 [J]. 机床与液压, 2001, (4): 20-23

[26] 刘炳文. Visual Basic 图形与多媒体程序的设计 [M]. 北京: 清华大学出版社, 2002: 73-121

[27] 吴琼兴. 曲柄压力机计算机辅助优化设计系统的开发 [D]. 华南理工大学硕士学位论文, 2004: 11-13

[28] 牛又奇, 孙建国. 新编 Visual Basic 程序设计教程 [M]. 苏州: 苏州大学出版社, 2002

[29] 龚沛曾, Visual Basic 程序设计教程 (第4版) [M]. 北京: 高等教育出版社, 2013

[30] Xiaoli Wang, The Optimization Design of Six-bar Linkage Mechanism [J]. TELKOMNIKA Indonesian Journal of Electrical Engineering, 2013, 11 (7): 4091-4098 (EI)